U0246422

lonely planet
Kids

孤独星球·童书系列

魔法
MOFA DAZIRAN
大自然

〔英〕乔·斯格菲尔德

〔英〕菲奥娜·丹克斯　著

邢　雯　译

接力出版社
Publishing House

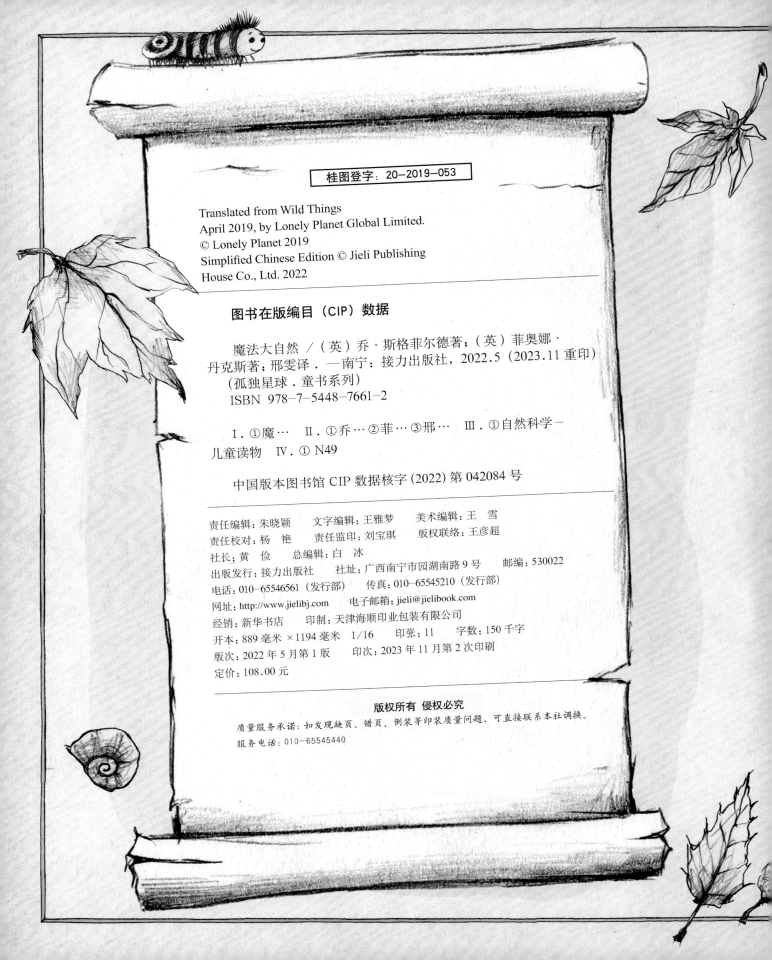

桂图登字：20-2019-053

Translated from Wild Things
April 2019, by Lonely Planet Global Limited.
© Lonely Planet 2019
Simplified Chinese Edition © Jieli Publishing
House Co., Ltd. 2022

图书在版编目（CIP）数据

魔法大自然 ／（英）乔·斯格菲尔德著；（英）菲奥娜·
丹克斯著；邢雯译 . —南宁：接力出版社，2022.5（2023.11 重印）
（孤独星球 . 童书系列）
ISBN 978-7-5448-7661-2

Ⅰ . ①魔… Ⅱ . ①乔… ②菲… ③邢… Ⅲ . ①自然科学－
儿童读物 Ⅳ . ① N49

中国版本图书馆 CIP 数据核字 (2022) 第 042084 号

责任编辑：朱晓颖 文字编辑：王雅梦 美术编辑：王 雪
责任校对：杨 艳 责任监印：刘宝琪 版权联络：王彦超
社长：黄 俭 总编辑：白 冰
出版发行：接力出版社 社址：广西南宁市园湖南路 9 号 邮编：530022
电话：010-65546561（发行部） 传真：010-65545210（发行部）
网址：http://www.jielibj.com 电子邮箱：jieli@jielibook.com
经销：新华书店 印制：天津海顺印业包装有限公司
开本：889 毫米 ×1194 毫米 1/16 印张：11 字数：150 千字
版次：2022 年 5 月第 1 版 印次：2023 年 11 月第 2 次印刷
定价：108.00 元

关于作者

  乔·斯格菲尔德和菲奥娜·丹克斯写过很多鼓励孩子和家人到户外玩耍的书，她们希望能帮助孩子们找到探索未知世界的乐趣。她们还创办网站（www.goingwild.net），邀请孩子们走进公园、高山，与野外环境亲密互动，重建人与自然之间的连接，感受自然世界带来的种种益处。她们也是工作上的好搭档，都供职于英国环境和教育领域的公益机构，共同举办户外游戏，致力于让更多的孩子接触到环境教育。目前，她们和家人都居住在牛津郡。

关于本系列

  "孤独星球·童书系列"是被旅行者誉为"旅行圣经"的孤独星球推出的品牌童书，它以经典品质、童心童趣和孩子分享多样性的全球文化及精彩的地理知识，让孩子热爱生活，对世界保持惊奇之心。

目　录

6　探访山野生灵

8　野外玩耍工具箱

10　野外玩耍小课堂
12　　第一课：安全第一
14　　第二课：自然感知力
14　　　洞察山林秘境
18　　　品尝自然美味
19　　　嗅山野气味
20　　　触摸自然世界
21　　　倾听自然之声
22　　　释放第六感：山野中的想象力
26　　第三课：丛林密探
28　　第四课：野外导航
30　　第五课：山野寻踪
34　　第六课：暗号和密信
36　　第七课：魔药和魔法饮料
44　　第八课：制作魔法书

49　山野生灵和它们生活的世界
50　龙
52　　如何寻觅龙的踪迹
54　　寻觅隐身龙
56　　冰雪龙
58　　自然世界中的"龙"
60　　龙穴
61　　龙宝宝
62　　保卫神龙
63　　龙血

65　巫师
66　　哈利·波特同款巫师服
67　　巫师服
68　　魔法木棍
72　　巫师的宠物
74　　巫师的魔法小屋
76　　制作迷你巫师
77　　制作守护瓶
78　　坩埚

80　精灵和仙子
82　　花园尽头住着仙子吗？
83　　给仙子和精灵的密信
84　　制作花仙子和叶子精灵
87　　捣蛋小精灵
88　　仙子时装秀
90　　四季不同的仙子时装
92　　仙子和精灵的魔法
94　　魔杖
96　　魔法冰锥
97　　精灵铠甲和贴身武器
98　　化装舞会
100　　"仙后"和"仙王"的四季皇冠
101　　化身为小精灵

102　　**小人儿国**

104　　　建造微观秘境

106　　　诱人的礼物

107　　　仙子晚宴

108　　　沙滩微观世界

109　　　做一身沙滩套装

110　　　搭建精灵度假小屋

112　　　小小探险家

115　　**怪兽**

116　　　大树怪兽

120　　　岸边怪兽

124　　　影子怪兽

126　　　云朵怪兽

127　　　污渍怪兽

128　　　怪兽大脚

130　　　怪兽脚印

134　　　变身为怪兽

136　　**美人鱼、独角兽和巨怪**

138　　　美人鱼

139　　　宴请美人鱼

140　　　美人鱼的梳妆台

142　　　独角兽

144　　　魔法独角兽兽角

146　　　巨怪

148　　　魔影巨怪

149　　　沉睡巨怪

150　　　黑魔法防御术

155　　**妖精、山精和暗夜生灵**

156　　　暗夜生灵

158　　　夜晚的奇幻之光

160　　　寻找妖精和山精

163　　　制作妖精和山精木偶

164　　　妖精和山精的"脏脏"宝贝

166　　　月光魔法和暗夜巡游

168　　　魔法火光

170　　　地下王国探秘

174　　**索引**

176　　**致谢**

5

探访山野生灵

你有没有想过,在花园里窥探"仙女",与"独角兽"不期而遇,乘坐"巨龙"遨游天际,和"美人鱼"共享野餐? 即使你还没有见过这些家伙,也并不能说明它们不存在。大自然充满无边的想象力,到处都是神奇故事里的山野生灵。因为它们很容易受到惊吓,所以总是躲躲藏藏的,喜欢把自己伪装起来。只有在真正相信它们存在的人面前,它们才会现身。

拥有这本奇幻的野外探险指南,你将会一一发现自然界的神奇魔力,还能顺利找到山野生灵。它们在森林、牧场、田野、池塘、河流、海滩……去寻找吧! 即便是日常场所,比如学校操场,城市公园,甚至是露台的花盆里,我们依然能找到它们的影子。自然世界好比一条神奇的通道,连接现实与幻想,而山野生灵们乔装打扮,穿梭其间。你们看,每一棵空心树都通往另一个星球,每一条小河都闪耀着银色的光芒,每一种自然力量都在林间低语。

春夏秋冬,无论白天还是黑夜,你都可以在自然中找到这些神奇宝物。所以,快快开足马力发挥你的想象力吧! 学习调动你所有的感官,重新拾起你的魔法技能,大步跨向大自然的魔法世界吧!

野外·玩耍工具箱

准备开启一场探险之旅时，要有一套像样的装备。当然，还要记得带上急救包，万一你不小心从"龙背"上摔下来，或者是被哪个生气的仙女咬伤了，可以用得上这些东西。

拓印脚印的熟石膏。

制作神奇生物的黏土。

绳子、剪刀、双面胶。

密探反光镜可以让你随时留意身后的情况。

头灯（加上一层红色玻璃纸，便于窥探夜间活动的小精灵）。

一副眼罩，可以用来锻炼你的感知能力。

放大镜和昆虫观察箱，可以让你在微观世界一饱眼福。

野外玩耍小课堂

你和你的伙伴们或许能长时间盯着屏幕，玩射击外星人的网络游戏，但是在真实的野外环境中，你能待多久呢？"野外玩耍小课堂"可以帮助你全身心沉浸在自然魔法的世界中。

你知道这些住在山林里的小生灵都有超能力吗？蚱蜢可以跳起的最大高度相当于人类跳过一栋房子，蜜蜂可以闻到两千米以外的花蜜香气，一只蚂蚁可以搬运的重量相当于人类独自举起一辆小汽车。

和这些小生灵比起来，人类的力量似乎是微不足道的。不过，接下来的几课，会提升你的野外生存技能，激发出你的自然感知力。用不了多久，你就会在这片自然世界里感受到自己无穷的能量和想象力。在这里，一切皆有可能。

所以，关掉网络游戏，来野外看一看吧，让自己变成一个勇敢的小小探险家！

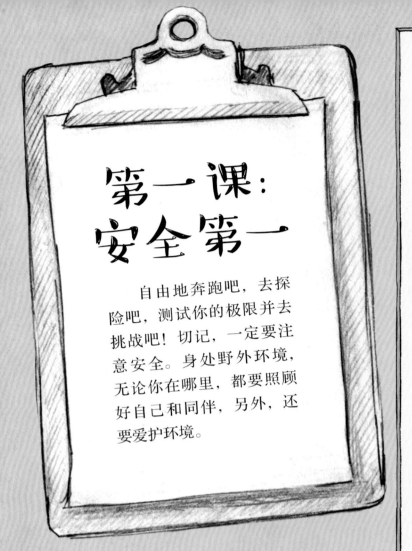

第一课：
安全第一

自由地奔跑吧，去探险吧，测试你的极限并去挑战吧！切记，一定要注意安全。身处野外环境，无论你在哪里，都要照顾好自己和同伴，另外，还要爱护环境。

成人安全顾问

当你进行野外探险（尤其是在靠近水的地方），使用利器，参加野餐会（特别是品尝一些从野外采集的食物），烧火或是使用炊具时，一定要有大人在场。在没有大人帮助的情况下，不要尝试做任何危险的活动。

野外安全指南

危险无处不在，当你计划到某地探险时，一定要好好了解探险地所有的安全隐患，并且采取必要的防护措施。

探险时，小心任何有毒的植物和危险动物，永远不要采集有毒的花草、蘑菇和浆果。

如果你被咬了，或者被叮了，一定要立刻告诉其他人。

在水中或水边玩耍时，一定要特别小心。

在户外玩耍后，一定要检查衣服上、头发上是否有蜱虫。一旦被蜱虫叮咬，要马上用药物治疗。

随身携带的利器要包裹好。在野外水域玩耍过，或是处理过自然物，一定要及时洗手。

如果需要在野外寻觅食物，一定要采集那些你确定可以食用的水果、树叶和坚果。

在有大人监督的情况下，才可以使用刀具。

随身携带急救包，而且要确保你和同伴会使用它。

安全用火

火有神奇的魔力，令人着迷，但是用火时一定要遵守以下原则。

未经许可，决不要用火。用火时身边一定要有大人看护。

用火时要远离建筑物和悬垂的树枝。

在矿藏丰富的地方用火，需要将燃烧物放进坑里，最好使用金属火盆烧火。

千万不要在大风或干燥的天气点火。

人走火灭，千万不要在火种尚未熄灭时离开。

活动区域附近最好有充足的水源。这样在发生火灾时，就可以迅速灭火，还能及时缓解伤者的烧灼感。

尽量选择体积小的木块、树枝做燃料。这样在较短时间内，燃料就可以烧成灰烬。

待灰烬完全冷却，将生火现场清理干净。

爱护自然环境

做到"人过无痕"。合格的山野探险者会保持野外环境的原貌，绝不会把任何不属于这里的东西留下来。请把所有的垃圾都带走。

熟悉当地的野生植物相关信息。不要去采摘、捡拾受保护的珍稀植物，如果你不确定，最好把它留在原地。

只采集那些常见的、丰富的，而且是自然凋落的植物。

不要侵犯私人财产，未经土地主人的许可，也不要拿走任何东西。

在采集野生食物时，不要太贪婪。记得给山野生灵们留下充足的食物。

还要多为将来到这里的探险者想一想，为他们守护好这里的一草一木。

山野生灵无处不在，要爱护它们，保护它们的家园。

第二课：
自然感知力

如果你想充分感受大自然，那你需要做的第一件事就是锻炼自然感知力，使其更敏锐。

洞察山林秘境

我们的眼睛真正能看见的东西有多少呢？我们如何才能一眼看到自然世界的灵动之处呢？有时候，你看到的事物，可能未必是它们真实的样子。

聚焦

拿起你的放大镜，看一看藏在自然世界中的小家伙们。

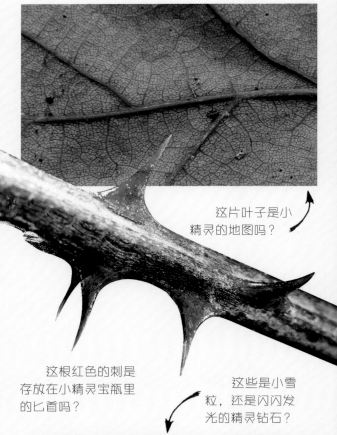

这片叶子是小精灵的地图吗？

这根红色的刺是存放在小精灵宝瓶里的匕首吗？

这些是小雪粒，还是闪闪发光的精灵钻石？

这块石头是山精掉落的牙齿吗？

远望

极目远眺。试着让你的眼睛半睁半闭着，说不定能发现惊喜！

远处小岛上起伏的山峦像不像沉睡的巨人？

看，这松软的白云不就是怪兽的大头吗？

这是清晨的薄雾，还是火龙喷出的浓烟？

夜观

当夜幕降临，我们准备入睡的时候，自然世界中的小生灵们正悄悄醒来。夜间探秘自然世界，最好先不使用手电筒。几分钟以后，眼睛就会慢慢适应黑夜，自然物的形态、影子，还有各种细微的差别，都逃不过你的眼睛。

夜观红光头灯

　　你的眼睛能够适应黑暗的话，那最好不过了。如果一定要使用手电筒，不如试着做一个夜观红光头灯，因为大部分自然界的生灵看不到红光。而且，使用头灯可以让你腾出手来做其他的事情。

糖纸
（一定得是这种玻璃纸哟）

彩虹色糖纸

你需要准备：
头灯、
彩色玻璃纸、
橡皮筋。

　　1. 用橡皮筋将红色玻璃纸固定在头灯上。

　　2. 开启夜间探险之旅——放心，你的红光灯不会吓跑山林里的小家伙们。

　　3. 用不同颜色的玻璃纸做一个小实验，看看世界在彩色玻璃纸的映衬下有什么不同。

　　4. 玩一场夜间捉人游戏，每个人戴一个用不同颜色玻璃纸制成的头灯，看看谁最容易被发现，谁总是能轻易捉到其他伙伴。

练一练
寻找自然物的眼力

从野外的森林到城市的街道，散落的自然物随处可见。你可以找到凋落的树叶、花瓣、树枝和种子，还可以找到贝壳、羽毛等自然物。

记得认真观察这些散落在地上的自然物，大胆地想一想它们会变成什么——

看这只"杂草怪兽"，正吐着它的红叶舌头，一双刺果眼睛瞪着你。

不要小瞧这条"草地龙"，红色的树叶是它喷射的熊熊火焰，它还有一只又圆又亮的眼睛（橡果）、长满鳞片的腿（松果）和一颗木制的头。

你永远也想不到自己能发现什么宝藏，所以一定记得提前准备好袋子或盒子，随时准备收集自然物。

安全小贴士

· 所有散落的自然物都很珍贵，即便它们是很常见的、能轻易捡拾的东西，也不要大量采集。

· 当你不再需要这些自然物时，请将它们送还到可以任其自然降解的地方。

味觉、嗅觉和触觉

想要全身心地投入到山野生灵的世界中，可不是光有一双眼睛就行了，你还得去闻，去尝，去触摸！

品尝 自然美味

开启觅食之旅，寻找绝妙野外美味，不过你得带上一个认识野生植物的大人，他能够准确地判断哪些叶子、浆果和坚果是可以吃的。像浆果这样的野生植物，能被制作出特别好喝的超级魔法饮料（制作方法请参考第42页）。

味蕾大比拼

考一考你和小伙伴们对野味的敏感度。

你需要准备：
野生食物，
一个盘子，
一个勺子和
一个眼罩。

1. 采集野生食物，把它们洗净，分别摆放到盘子里。对了，把食物捣成泥状更容易迷惑品尝它们的人。

2. 每个品尝它们的人都应该戴上眼罩，捏住鼻子，把所有注意力都集中在味蕾上。看看谁能辨别出它们的味道。

3. 你还可以为这些食物取个好玩的绰号，就像盘子上标出的这样。

4. 给这些野生食物分类，猜猜哪些食物是可以在商店买到的，哪些是买不到的。

女巫魔咒的秘密原料
（野菜）

仙子口香糖
（切碎的薄荷叶）

湿软的"眼球"
（野生李子）

凝结的龙血
（碾成酱汁的黑莓）

山精的唾液
（切碎的野生苹果）

安全小贴士

· 采集野生植物时一定要有大人同行。

· 这些野生食物一定要洗干净再吃。

· 如果不能确定食物是否安全无毒，千万不要食用它们。

· 只能在远离公路的、尚未被污染的野外环境中觅食。

嗅山野气味

狗不能看报纸，它们了解事物变化的方式是闻空气中弥漫的各种味道。很多山野生灵都是依靠嗅觉辨别方向、划分敌友、标记领地的。

嗅觉测试

野外环境中充斥着各种味道，有的芬芳，有的恶臭。你闻过大雨将至时的味道吗？闻过刚刚修剪过的草坪散发出的清香吗？闻过海边咸咸的味道吗？如果闭上眼睛，你的嗅觉会不会更灵敏？来挑战下面的嗅觉测试，练就一番在自然环境中辨识气味的本领吧！

你需要准备：
带盖的果酱瓶，
一个托盘，一件衣服，
眼罩和
气味辨识度较高的
自然物。

果酱瓶的温度越高，瓶中自然物释放出的气味就会越浓烈。

1. 采集不同味道的自然物，包括潮湿的泥土、薄荷、刚刚修剪过的青草和枯草。给每一个自然物取一个有趣的名字。谁说你眼前摆放的不能是仙女的茶叶和"妖精"的牙膏呢！

2. 每个瓶子里装一种自然物，拧紧盖子。将这些瓶子放进托盘，端到温暖的地方，最好是阳光充足的户外。适宜的温度可以让这些味道慢慢散发出来。

3. 用衣服盖住这些小瓶子。

4. 邀请你的小伙伴们参加嗅觉测试。给他们每人一副眼罩，闻完每一个瓶子的味道才能把眼罩摘下来。他们能闻出不同的味道吗？

触摸自然世界

用你的手、脚、脸，甚至整个身体感受自然世界的魅力！感受风、雨和阳光，躺在草地上，感受身下的土壤。

"怪兽" 摸索箱

你敢不敢把手伸进"怪兽"的嘴巴里，摸摸里面藏了些什么奇奇怪怪的东西？

你需要准备：

一个纸箱，
一把剪刀，
一把热熔胶枪，
还有一些形状各异的
自然物。

1. 收集可以放进摸索箱的自然物，包括一根"女巫"的"手指"（一根有许多疙瘩的木棍）、一枚怪兽的指甲（贝壳），还有一颗"恐龙蛋"（一颗平滑的大树种子）。

2. 用纸箱制作怪兽的头，再做一张可以伸进一个小拳头的大嘴，用热熔胶枪把它们牢牢地粘在一起。给怪兽添上一双大眼睛，用小树枝做牙齿，还可以找来一捆枯草做头发。

3. 在摸索箱背面开一个小小的门，这样你就可以悄悄地往里面放各种神秘物件了。

4. 你的小伙伴们能猜出他们摸到的东西是什么吗？

5. 为了让游戏更好玩，你可以放一些奇怪的东西进去，比如"恐龙的眼睛"——核桃壳是它的眼眶，小西红柿是它的眼球。

用双脚感受世界

想要体验真正的感官之旅，得光脚走一走才行。在泥泞的池塘里蹚水，踩踩松软的、长满苔藓的草坪，或者踏着松脆的落叶穿行林间。如果你胆子很大，还可以蒙上眼睛，让值得信赖的小伙伴做向导，带你赤脚在山林间漫步，让脚掌告诉你有关世界的秘密。

安全小贴士

· 确定没有安全隐患才可以光着脚丫。

· 不要匆匆忙忙地玩眼罩游戏。放松心情，享受其中的乐趣，注意安全。

· 使用热熔胶枪时一定要小心。

倾听自然之声

我们的生活中充斥着噪声，人们交谈的声音，汽车发动机的声音，电视声和音乐声，还有各种电子设备的声音，等等。山野生灵探险者应该熟悉不同的声音，无论身在何处，都应该立刻辨识出自然之声。这样一来，即便身在城市，你也会为自己灵敏的听觉而感到惊喜的。

自然之声录音机

用手机录制、播放自然世界的各种声音。

用手机播放一段鸟儿的歌声，会不会有鸟类同伴闻声而至呢？会不会有其他的小生灵回应鸟儿的歌声呢？

录制自然中的声音，可以是清晨和谐悦耳的鸟鸣与虫唱，也可以是浪花拍打海岸的声响。让它们在拂晓时分唤你醒来，或是在夜幕四合时伴你入眠。

熟悉自然中的声音

春夏两季，在郊外找一处空旷的地方，躺下来，闭上眼睛。你能听到什么有趣的声音吗？

微风窃窃私语；昆虫嗡嗡作响；鸟儿放声歌唱；雨珠滴滴答答；海浪翻滚咆哮；种子爆裂，乒乒乓乓；"仙子"扇动翅膀；"山精"在鸣叫；"巨怪"的呼噜震天响；灌木丛里，"怪兽"踩断树枝的脚步声越来越近。

侧耳倾听

玩一玩这些游戏，让你的耳朵敏锐地捕捉声音。

> **你需要准备：**
> 眼罩，水枪，
> 还有捏起来嘎吱作响的零食包装袋。

蝙蝠与蛾子

向蝙蝠学习，利用回声定位追踪猎物。一个人扮演蝙蝠，另一个人扮演蛾子。其他人站成一个圆圈围住他们。蝙蝠戴着眼罩，他每喊出一声"蝙蝠"，蛾子都要回应"蛾子"，直到蝙蝠捉到蛾子为止。其他人需要配合蝙蝠，把蛾子控制在圆圈内。蝙蝠能顺利捉到蛾子吗？

潜行者游戏

潜行者游戏是一个学习的好机会，能让你练习在不惊扰山野生灵的情况下悄然靠近它们。大家围成一圈坐好，中间放一个容易发出噪声的东西，例如一个空薯片包装袋。一个人（聆听者）戴上眼罩，站在圆心，手里握着一把水枪。另一个人（潜行者）爬进圆圈，捡起包装袋，再爬回队伍。潜行者的动作一定要轻盈，一旦聆听者听到任何动静，他可以立即向潜行者喷射水枪。也可以加大游戏的难度，在潜行者身上系一个铃铛！

拾荒者故事

收集沿途的自然物，看看你能不能用它们编出一个美丽的故事，就像这个关于小树枝的传说。

很久以前，一个孤独的男孩腿受了伤，他在森林（1）中艰难地跛行，身体的整个重量都压在了一根拐杖（2）上。突然，一只大鸟（3）俯冲而下，用它的利爪（4）抢走了拐杖，男孩重重地摔倒在地。男孩沮丧极了，他躺下来，慢慢地，他开始注意环抱着他的自然世界。他发现了一张蛇蜕去的皮（5），还在落叶中翻出了一把小弹弓（6）。这时候，一个小精灵出现了，它轻轻挥动魔杖（7），治好了小男孩的腿。小男孩没有马上回家，他又在森林里待了很久，探寻到了很多很多藏在森林里的"自然宝藏"。

释放第六感：山野中的想象力

你是否有过毛骨悚然的感觉，认为自己被秘密监视了，或者你刚到一个地方，却觉得似曾相识？这些奇怪的感受就是第六感，它是"万物有灵"的信念，也是进入幻想世界的通道。跟随你的好奇心，编织森林故事，玩想象力游戏，打开通往其他世界的大门吧。

故事箱

把自然物和你们珍爱的小宝贝放进故事箱，让小伙伴们围着故事箱坐好，大家逐个取出故事箱里的小宝贝，用它来给其他小伙伴们讲故事。

故事石

挑选表面平滑的鹅卵石，画上可以代表某个自然物的图案或是符号，把它们装进魔法袋里。然后随机取出一颗鹅卵石，用它来编一个奇妙的故事。

窥探石

你想不想偷偷看一眼其他的世界？只要拥有一枚窥探石，你就可以实现这个愿望。当然，你的第一个任务是找到这枚窥探石。

你需要准备：

中间有小孔的石头，
记号笔，
彩色铅笔或是颜料。

1. 找一块带小孔的石头。在海岸、河滩，或者硅土堆里最容易找到它们。

2. 你的石头经由水和冰雪的力量铸造、打磨而成，早在百万年前就拥有了神奇的魔力。这块石头会向你讲述一个什么样的故事呢？在它的生命长河中，都经历过哪些幸福和苦难呢？透过石头上的小孔，你又能看到一个怎样的未知世界？

3. 拿起你的记号笔、彩色铅笔或颜料，绘制一块独一无二的窥探石吧！设计一个对你来说最特别的图案。你越是用心装饰它，它的魔力就越强。

4. 每一次野外探险都记得带上你的窥探石，保护好它，可别把它弄丢了！你永远想不到它会带你看到哪些有趣的小秘密。

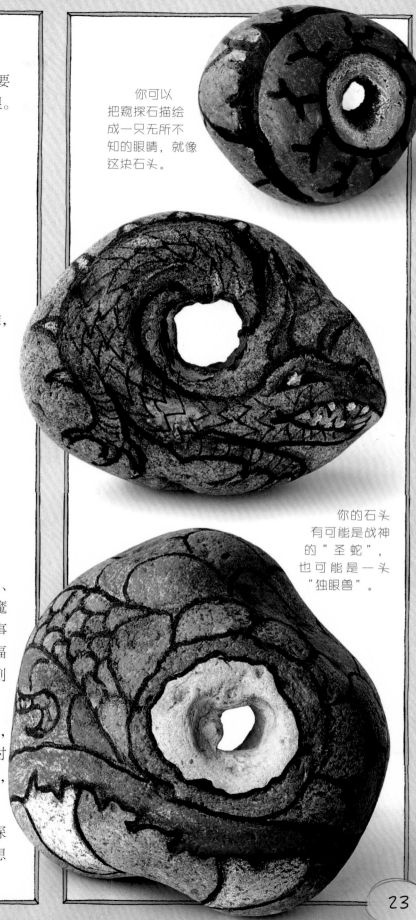

你可以把窥探石描绘成一只无所不知的眼睛，就像这块石头。

你的石头有可能是战神的"圣蛇"，也可能是一头"独眼兽"。

窥视孔

冰块、大树、岩石间的缝隙，自然界中的任何一个地方都可以找到窥视孔。透过窥视孔，你可以探寻自然世界的奥秘，还有可能发现怪兽、仙子和其他山野生灵的踪影。

进入奇幻世界的"魔法门"

每一个被荒废的地方都有一些秘密通道和有魔力的大门。只要尽情地发挥你的想象力，大门就会向你敞开，指引你踏上无边无际的探险之旅，崭新的世界和平行的宇宙空间都会呈现在你的面前。

"魔毯"

这是一种非常惊险刺激的旅行方式，不论你想去哪里，魔毯都能眨眼间把你送达。

但找到魔毯非常难，所以你最好在森林里自己编织一条。

找一块空地，发挥想象力，用刚刚在这里采集的叶子、种子、坚果等设计一条绝无仅有的魔毯。

看这条"神龙魔毯"，它拖着长长的流苏，还有一根魔法操纵杆，肯定比最迅猛的龙飞得还要快！

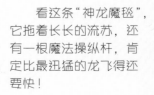

你能找到多少个通往其他世界的入口呢？到山林小径、灌木丛围成的树篱、桥下的隧道、海滨栈道和地下洞穴去寻找吧！前提是一定要注意安全！

在其他地方打造独具特色的门廊，就像这个在两棵树之间编织的入口。

第三课：
丛林密探

与自然世界融为一体，可以提高你发现山野生灵的概率。小心，这些小生灵长着千里眼和能嗅出一切陌生气味的鼻子，还有一双时刻保持警惕的耳朵，在草木间响起的任何一丝动静，它们都听得见。学会下面这些技巧，你就能成为丛林密探了。

无声行进

即便是体形最大的山野生灵，走动时也是悄无声息的。把你走路时发出的声音降到最低，才有可能在这些山野生灵毫无察觉的情况下追上它们（请参考第 21 页的潜行者游戏）。不要出声，慢慢地移动你的身体，脚步要轻盈。

穿上密探服

穿上与环境色相近的衣服，再穿一双软底鞋，用泥巴、围巾或是帽子遮挡你的脸。全副武装后，躲进树林里，看看小伙伴们经过时能不能发现你。

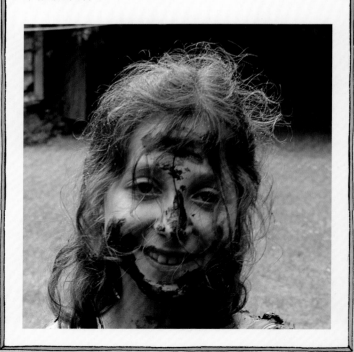

丛林伪装术

借助丛林伪装术与自然世界融为一体。

你需要准备：
渔网，
野草，
一个自行车头盔，
橡皮筋，
硬纸板和双面胶。

伪装斗篷

用渔网制作一件斗篷。将你采集的自然物编到网上，或是用棕色编织绳和野草把它们固定到渔网上。

伪装王冠和伪装头盔

用橡皮筋把大堆大堆的叶子固定在自行车头盔上，或者用双面胶把叶子粘在硬纸板制作的王冠上。

掩盖你的气味

回归自然的时间到了！使用没有香味的洗衣液洗衣服，使用不带香味的洗发水洗头，如果父母同意的话，还可以用泥巴和香草在身上搓一搓，掩盖住你身上的味道。

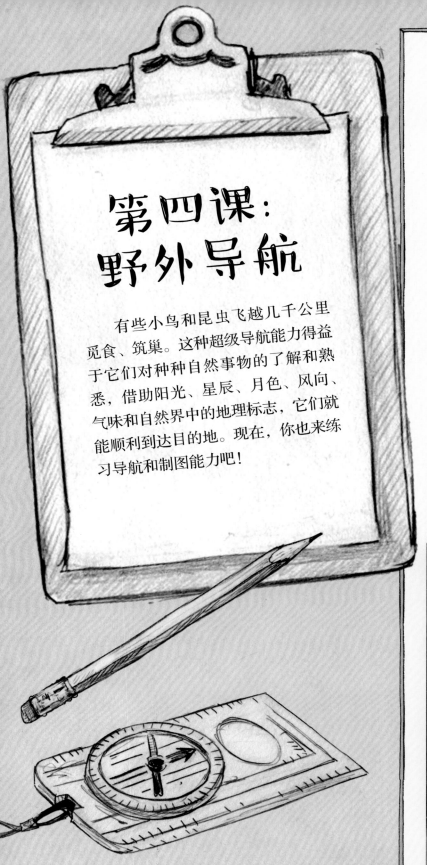

第四课：野外导航

有些小鸟和昆虫飞越几千公里觅食、筑巢。这种超级导航能力得益于它们对种种自然事物的了解和熟悉，借助阳光、星辰、月色、风向、气味和自然界中的地理标志，它们就能顺利到达目的地。现在，你也来练习导航和制图能力吧！

制作树叶指南针

树叶指南针的制作方法简单、快捷，能准确指向北方。

你需要准备：

一片树叶，
一根不锈钢材质的缝衣针，
一块磁铁，
一洼浅水。

1. 将缝衣针顺着一个方向在磁铁上反复摩擦，使其磁化。

2. 找一片足够放下缝衣针的叶子，然后把叶子置于无风的水面。

3. 把缝衣针放在叶子上，安静观察它们的转向，针尖会指向北方。

4. 如果你担心结果的准确性，那你可以用指南针或者手机软件检查一下。

三维寻宝图

你需要准备：
黏土，
寻宝硬币，
自然物和一个托盘。

在树林里玩按图寻宝的游戏吧。你可以找一小片野外区域（大约有一间屋子这么大）藏宝，再用"黏土精灵"和小树枝做好掩饰。在附近的空地或是托盘里，制作一份迷你小精灵专用的三维地图，用泥土、叶子、小木棍和种子来分别表示地面、大树、木头和低矮的植物，用硬币表示藏宝的位置。然后让小伙伴们利用寻宝图找寻宝藏，看看谁能顺利找到宝藏。

宝盒小径

你需要准备：
地图、
很多个宝盒、
一个指南针。

真正检验你读图能力的时刻到了！请大人帮忙设计一条寻宝小径，沿途分散地藏几个宝盒，看你和小伙伴们会不会使用指南针，能不能看懂地图上的指示，然后顺着各种线索找到它们。你还可以跟随"独角兽"的脚印上山，寻找它们插在树叶凉亭上的红色小旗和巨龙守护的宝藏。

第五课：
山野寻踪

想要找到山野生灵，最好的方法就是追踪它们留下的线索。

读懂山野生灵留下的线索和信号

山野生灵的活动痕迹和线索无处不在，但是你能明白它们透露的信息吗？

脚印——它是小狗的爪印还是龙的爪印？这脚印是小马的，还是独角兽的？

动物的便便——地下小穴里的臭便便是獾的，还是小山精的？

毛发——挂在铁栅栏上的一小缕毛发，是小鹿的还是妖精的？

羽毛——这一团羽毛是狐狸享用晚宴后留下的，还是巨人饭后的残渣？

淤泥和积雪中留下的小脚印最容易被辨识，所以一开始你们可以先到这些地方锻炼自己的侦察能力。一旦你掌握了其中的窍门，就可以到其他地方寻找更细微的线索了。你还可以用事先做好的"石膏龙爪"和"怪兽脚印"（制作方法请参考第 130 页），踩出一串神秘脚印，引开其他的追踪者。

泥巴里的这些小脚印是谁留下的？
是一只大鸟的吗？
还是一条小小的"神龙"留下的？

做一根
"寻踪魔法棒"

你是否想过，在枝繁叶茂的树林里，寻找神奇生物？有了这根寻踪魔法棒，再细微特殊的踪迹都逃不过你的眼睛。两个踪迹间的距离越大，说明山野生灵的移动速度越快（也有可能是因为它腿长）。

你需要准备：

一根魔法棒，
橡皮筋，
一把铅笔刀，
一把卷尺，
一支记号笔。

1. 选择一根结实的、笔直的木棍，棍子的一端最好有 V 形分叉。这样的木棍既能做权杖，也能当拐杖。

2. 以 4 厘米为一个间隔单位，在木棍上做出标记。每隔 4 厘米削去等距的树皮，形成交错的条纹带。

3. 用小刀或是记号笔在每个条纹带上标出清晰的刻度。

4. 用自然物装扮你的木棍，在手柄处画上一张"精灵"的脸，给木棍注入魔力。

5. 在魔法棒上绑两根橡皮筋，标记两个特殊踪迹间的距离。这样你就可以预测下一个踪迹出现的地点了。

现在，你可以出发了！

安全小贴士
·一定要在大人的帮助下使用刀具。

注意安全——不要让刀刃离自己太近。

握住魔法棒，在踪迹正上方测量。

31

白色寻踪石

熟练地掌握山野寻踪技能，像《格林童话》里的亨塞尔和格莱特一样，跟随散落在草丛里的白色鹅卵石探寻自然世界的秘密。找一个小伙伴帮忙，在长长的草坪上等距摆放已经编号的鹅卵石。草坪越大，寻踪的难度越大。不过不要担心，寻踪魔法棒会帮助你找到所有的鹅卵石。

为石头编号，免得寻踪者遗忘了哪块石头。如果这对你们来说太简单了，可以尝试加大石头间的距离。

寻踪箭头

这个游戏会有效地提高你的寻踪能力，一队（开路者）负责把箭头放在沿途的隐秘处，二队（寻踪者）跟随箭头的指引追捕开路者。开路者每改变一次方向，他们都必须标记出来。下面是几个制作寻踪箭头的小窍门：

你需要准备：
木棍，石头，
尖利的自然物，
黑色记号笔，
面粉，挤压式塑料瓶，
食用色素和水。

自然世界中的箭头

你可以用木棍、石头、泥巴、粉笔或是积雪制作箭头，还可以用石头或是木炭在岩石上画出箭头。

寻踪面粉

从厨房里拿一些面粉装在瓶子里，在探险途中撒上面粉箭头。面粉箭头是可以降解的、可食用的，所以不必担心会在丛林里留下抹不掉的痕迹。

寻踪指向牌

1. 用记号笔在叶面画上箭头。

2. 再用天然的硬刺或是尖利的小木棍把树叶钉在树干上，寻踪指向牌就做好了。

雪中箭头

1. 下雪的时候，可以把食用色素与水混合，调制成醒目的颜色，装入挤压式塑料瓶。

2. 到户外去，用挤压式塑料瓶在雪地上喷洒出明艳的箭头或是写下密信（请参考第 34 页）。

第六课：暗号和密信

发送密信，有时候是为了追踪到山野生灵，有时候是为了和同伴取得联系。

设计暗号

发明一套与朋友通信的暗号，比如用小镜子反射太阳光，用小木棍敲击树干，击鼓或是吹口哨。当然你也可以试试莫尔斯电码，利用不同的长、短声组合的方式发送密信。

制作一个有野趣的鼓

古老的部落借助击鼓传递信息、发布警报，这种声音可以传遍丛林山谷。编一个你自己的声音密码库，便于在搜寻山野生灵时传递信号，当然你也可以直接借鉴莫尔斯电码，通过长、短声的组合方式编码，传送密信。

你需要准备：
一个旧的饼干铁盒，
双面胶，
树叶，
攀缘植物的藤蔓和
两根结实的木棍。

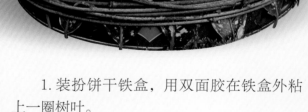

1. 装扮饼干铁盒，用双面胶在铁盒外粘上一圈树叶。

2. 将藤蔓一圈圈缠绕在铁盒上，留一截制成背带，便于将"小鼓"挂在胸前。

3. 挑选两根结实、笔直的木棍做鼓槌。

4. 和你的伙伴们统一声音密码，带着做好的鼓进入丛林，用击鼓声发送密信。伙伴们能准确无误地接收到你的信息吗？

你能解开的这封密信吗？

隐形墨水和密信

如果你的密信里写着寻宝的重要线索，或者有通往秘密接头地点的指示图，那你可以尝试一些特别的传信方式——写一封只有你的伙伴才能够看懂的密信。

你需要准备：

小苏打，
水，柠檬汁，
浆果墨水
（制作方法请参考第45页），
画笔和纸。

隐形墨水

混合相同比例的小苏打和水。蘸取混合液在纸上写下密信，待字迹风干。想要显现信息时，取柠檬汁或是浆果墨水涂在上面即可。

书写密信

秘密字母表和密码

为了避开窥探者的视线，最好发明一套只有你们自己知道的字母表。

秘密字符

这份字母表来源于一种古老的维京符号，是给其他野外探索者发送密信的绝佳暗号。你能破解其中的秘密吗？

发送密信

尝试一下用不同的方法发送密信，比如用木棍在土地、沙地或雪地上写下来。下面这条密信的意思是"顺着小溪走到第一座房子"。

第七课：
魔药
和魔法饮料

你有没有想过把自己变成一个隐形人？把你最好的朋友变成一只小蜗牛？把自己变得像拇指姑娘那样小？把你家的小狗变成独角兽？现在就请你来大显身手吧！

蒲公英汽水

魔法香草

美人鱼海绵

"神龙"眼球

羽毛笔

小妖精的"脚指甲"

仙女的愿望

山精"抓背棒"

女巫黑莓药水

美人鱼的
"假指甲片"

骨木果
饮料

"龙血"

玫瑰果
饮料

山精的"鼻毛"

妖精的
"鼻涕"

"神灯"
(这里面不会藏着
精灵杰尼吧?)

"邪恶巨怪"的
"眼球"

接骨木花
"喝了会变小"
饮料

"龙蛋"
和妖精的玩具

甜菜蒸馏
饮料

"魔法墨水"

山精的
"牙签"

"魔法柜"

外出寻宝，千万不要忘了带上购物袋和各种瓶瓶罐罐。一年四季，无论什么天气，你都能找到制作魔药和魔法饮料的天然宝物。在用这些宝物调制魔药以前，你可以找一个特别的角落存放它们。动手把旧橱柜或是闲置的隔板改造成魔法柜吧，就像左边这一个。

安全小贴士

· 不要采集有毒的浆果和叶子。

· 魔法柜里的所有东西都不可以吃。

· 有些东西不宜长时间保存，如果不确定，可以询问大人。

魔药原料

魔药原料必须是由你精心挑选的天然宝物。来看看我找到的宝物吧，或许能带给你一些灵感。

苔藓丛

女巫和妖精身上的疮疤，是研制魔药的上好原料。

清晨的露珠

几乎所有魔药都用得上它。

这是浓稠的玉米淀粉糊吗？还是用山精的鼻涕做成的魔法黏液呢？（详见第165页）

樱花

可以为仙子魔药增添色彩和芬芳。

废弃的龙蛋是制作魔药的必备原料。

蛋壳

已做过防腐处理的乌鸦头骨

被"巫师"视为珍宝的稀缺原料，一定要慎重使用。

这是被"巫师"

海水冲刷过的石头和贝壳

这些美人鱼宝石能让魔药的药效增加一倍。

蒲公英的种子

仙子的愿望也可以增强魔药的魔力。

蜗牛壳

这些山精的小零食可
是非常有力的小拳头呢！

干枯的叶片

山精细长的指
甲可以发出沙沙响
的痒痒魔咒。

仙子身上闪闪
发光的冰霜就像是
冰晶宝石。

野草的种子

制作"吐真剂"的上好原料，
拥有鉴别真话与谎言的魔力。

施展魔法

想要施展魔法，不仅
要采集到合适的原料，还
得选择恰当的方式。

选择一个有魔力的地方。如果你坐
在客厅的电视机前，魔法是肯定不会生
效的。你必须得走出去，找一个有趣的
地方，调整呼吸，适应这里的氛围，用
心感受自然世界的神奇力量。

念出最恰当的自然"咒语"，把这
个地方变成魔法世界，所有的小生命
都会在这一刻醒来，新奇的故事和甜
美的梦都会从这里开始。

发掘自然物的特性和能量，比如借
助长了一对翅膀的种子就可以飞行，使
用一滴露珠就可以让视线更清晰。

选择合适的装备。陶罐、金属
坩埚、魔法玻璃瓶，都是适合用于
研制魔药的容器。

挑选一根适合你的魔杖。看看
这根魔杖是用来施仙子咒语的，还
是施女巫咒语的？

让自身的能量成为魔法
咒语的一部分。闭上眼睛，
旋转、跳舞，把你的能量通
过"魔杖"全部释放出来。

本书的第 70 页和第
94 页都介绍了制作魔杖
的方法。

研制魔法

每种魔法对于创造者来说都是独一无二的。不过，作为初学者，你还是应该先学习一些基础知识，提高自己的"魔力"。反复地实验、练习，等你研制出了超级棒的魔法，就可以把它写进你的魔法书（制作方法请参考第44页）了。

仙子吸引术

采集新鲜的雨水，倒入魔法玻璃瓶。再添加一些配料，可以是一阵风、一朵樱花、一滴春日的晨露，也可以是细碎的花瓣。如果你在水里加几滴明胶，花瓣还会浮上来。你可以在手腕上轻轻拍几滴，就像喷洒香水一样。然后把魔法瓶藏在花草中，旁边放上一根迷你魔杖（制作方法请参考第94页），作为送给仙子的礼物。接下来会发生什么呢？

山精吸引术

把蜗牛壳（吸引山精的关键原料）、野草、散发着甜香气味的香草（以防它们撒谎和恶作剧）和黑刺李的尖刺（尖刺可以把这些宝物固定在地上）绑在一起，我猜山精一定很喜欢。你还有什么更好的点子吗？

"黑魔法"

研制黑魔法的首选原料包括——

· 绿山精的鼻毛和牙签。
· 妖精的鼻涕。
· 一个"龙蛋"壳。
· 一只乌鸦的头骨。
· 一丝冷风。

找一个黑色的洞穴，一块湿漉漉的、长满苔藓的洼地，或者是一棵空心树，秘密研制魔法。

研制魔法就像制作美食一样，你最先要做的是备齐原材料。

绿山精的鼻毛

爱的魔法

用你心中的爱拥抱大自然。寻找一个美丽的地方，闻闻花香，听听鸟语，如果能找到一块平滑的苔藓当枕头就更好了。躺下来，闭上眼睛，你能闻到什么？感受到什么？又能听到什么呢？

安全小贴士

· 记住——所有研制魔法的原料都不能吃！

· 摸过这些魔法原料后一定要洗手。

山精的牙签

干了的妖精"鼻涕"

魔法饮料

检验你味蕾（请参考第 18 页）的时刻到了，现在就去野外采集一些新鲜的食材吧。将这些食材任意组合就能调制出美味的魔法饮料。有的饮料比冰激凌还美味呢！它们能让你拥有山野生灵才有的超能力——像猫头鹰一样敏锐的眼力，像蝙蝠一样灵敏的听觉，还有像蜥蜴一样飞檐走壁的本领。

你需要准备：

浆果和香草，
糖，水，
煮锅，
漏勺，
小玻璃瓶和标签。

1. 采集可食用的浆果和香草，分别装入容器。你可得知道你采集的东西是什么，可别采错了！
2. 用干净的水清洗采集的食材。

超级魔法饮料

发明一种无所不能的魔法饮料，它能带给你好运，能激发你的勇气，还能把你变得像蚂蚁一样小，你的任何愿望，它都能帮你实现。

"龙血"
幸运饮料

薄荷
想象力饮料

接骨木果
超能力饮料

3. 准备原料：

浆果——用勺子压成糊状，再用滤网或是丝袜过滤出口感细腻的饮料。

水果——在煮锅里小火慢熬，可以往里面加点糖，很多水果都很适合加糖。

蔷薇果——保持果肉完整，倒入开水将其完全没过，静待冷却即可。

香草——摘取少许叶片，用热水沏开，晾凉。

4. 把做好的饮料装进干净的玻璃瓶或者罐子。贴上标签，写上饮料的名字和它的特殊功效。

5. 冷藏一会儿就可以吃（喝）了，要在几天内吃（喝）完，别放坏啦。

安全小贴士

·一定要小心谨慎地选择食材，采集新鲜的可食用的浆果、花朵。如果你不确定采集的东西能不能吃，那就不要吃。

蒲公英
勇气饮料

莓果
女巫的
黑色魔法饮料

车前草
"喝了会变小"饮料

蔷薇果
守护饮料

野生莓子
能量饮料

第八课：
制作魔法书

把你发明的魔法一一记录下来，这样你才能再次召唤出它的魔法力量。为了增强魔力，在记录你的发明时，最好蘸上自然物墨水，并且使用秘密符号。

制作魔法书

你需要准备：

特制纸张，
野草或绳子，
茶包和自然物。

1. 选择特殊材质制作的纸，比如略厚的水彩纸、手工纸或是用薄如蝉翼的树皮制作的纸。

2. 给你的纸张增添一丝神秘古老的气息：先将茶包浸泡在热水中，待其冷却后晕染在纸上。

3. 等纸张晾干，把几张纸摞在一起，组成一本小书。先用野草或是绳子把整本书穿起来，再用魔法羽毛，或是小精灵的"橡子头盔"等自然物装饰书的封面。

自然物墨水

秋天，用成熟的水果和坚果调制天然的颜料也是一大乐事。调制每种颜料，都需要把混合好的果实放在锅里煮几分钟。晾凉后，把汁水过滤到大碗中，细腻的墨水就做好了。再将墨水装瓶，贴上标签。记住，不能储存太久。

石榴皮墨水

收集几块石榴皮，把它们捣碎。加入相应比例的水，在锅中煮开后小火熬 30 分钟，用滤网过滤后再次加水熬制一遍。把两次提取的液体混合。这样，黄色墨水就做好了。

浆果墨水

半杯浆果，加入半勺醋(固色功能)和半勺盐(防腐功能)，在锅中煮开，即可熬制成粉紫色墨水。你还可以尝试不同颜色的浆果，看看能做出多少种不同颜色的墨水。

核桃墨水

将 3—4 颗青皮核桃的外皮放入锅中，加入 1 勺盐，1 勺醋和 1 杯水，即可制成深褐色墨水。

核桃墨水

浆果墨水

石榴皮墨水

你还可以用其他自然物制作墨水，比如蓝莓(牛仔蓝)，木炭(黑色)和野莓(深紫蓝色)。

魔法铅笔

千万不要随随便便拿一支旧铅笔来记录你发明的魔法。一支用自然材料制成的魔法铅笔才是最佳选择！先挑选一根有古老传说的木头吧，比如接骨木。

你需要准备：

一根和铅笔差不多长的木头，
一根扦子，一把小刀，
木炭条，
丝带，
绒线和羽毛。

1. 刮下树皮，用扦子将木头的一端挖空。如果你用的不是接骨木，那你还要用小刀在木头上掏一个小孔。

2. 把木炭条的一端插入小孔，笔尖就有了。

3. 用羽毛和丝带装饰铅笔——白色羽毛施的是良善的魔法，黑色羽毛施的是邪恶的魔法！

魔法羽毛笔

用魔法羽毛笔写下魔法——羽毛越高贵华丽，魔法的能量越强。

你需要准备：
强韧的大羽毛和锋利的小刀。

1. 用小刀削去羽毛下端的毛刺。

2. 将翎管头削出斜尖。

3. 笔尖蘸少许魔法墨水就可以开始写字啦!

安全小贴士

· 刀具很锋利，使用的时候一定要小心。

· 一定要有大人从旁协助。

山野生灵和它们生活的世界

  我们对童话故事和传说里的神奇生物非常熟悉。现在让我们走到户外，去见一见真正的山野生灵吧！合上书，开始一场寻找山野生灵的探索之旅，说不定你会遇到神龙、巫师、精灵、仙子、怪兽、美人鱼、巨怪、独角兽、小妖精、山精，甚至是你说不出名字的小家伙。

龙

你没见过龙，龙就不存在吗？和大多数山野生灵一样，龙遇到人就会躲得远远的，它们行动隐秘，常常在你准备上床睡觉的时候才出来行动。但是这不妨碍你走到户外，运用你所学的野外搜寻技能寻找龙的踪迹，没准儿你会有意想不到的收获。

龙可能非常大，也可能非常小，可能很恐怖，也可能很友好。有些龙可能是你的敌人，但是幸运的话，你可能会遇到非常友善的龙，保护你，还会把它的魔力分享给你。

无论是巍峨的高山，深不见底的洞穴，还是人迹罕至的森林，都有可能发现龙的身影。也说不定它就藏在城市公园的大树下。所以，小勇士，快快出发，来野外寻龙吧！

如何寻觅龙的踪迹

自然界遍布着长满鳞片的神秘生物。细心观察，你就能发现龙出没的蛛丝马迹。下面介绍几种最容易辨识的龙的踪迹。

"龙皮"和鳞片

龙和蛇一样，每过一段时间就会蜕皮。每蜕一层皮，它的体形就会变大一些。留意那些纤薄的、褶皱的龙皮，还有长满叶子、尖刺和斑点的鳞片。

龙蛋

有的龙蛋是绿色的，掩藏在草木间，不易被发现。还有一些蛋是粉色的，长满了刺。它们看起来很像鸟蛋——可能刚刚就有龙宝宝破壳而出呢。

"龙爪"和爪痕

你能找出龙用长长的利爪抓挠树干的痕迹吗？来树林里找一找龙的爪痕吧。

"龙角"

这可能是龙在决斗中被打断的龙角。看这龙角的质地，这只龙的皮肤大概像木头一样粗糙，也有可能通体深绿色，浑身长满刺。

烧痕

龙一点儿也不小心，喷火的时候总是会伤及无辜——你看那根烧焦的木炭，还有那块木头上黑乎乎的斑点，没准儿就是龙干的"好事"。

"龙翼"

大多数龙都有蝙蝠一样的翅膀，两根长长的骨架之间是薄薄的皮肤，也有一些龙长着羽状的翅膀。所以不要犹豫，羽状叶片和巨大的羽毛就是你要找的恐龙翅膀。

龙的行踪

留意路上折断的小树枝、木棍，甚至是大树杈（神龙的体形决定了它的威力强弱）。沙滩、雪地和泥泞的小路上也会留下神龙走过的痕迹。你有没有勇气跟随这些脚印，去追寻神龙的行踪呢？

牙齿

有时候，龙正吃着美味佳肴，牙齿就会突然松动掉落。它的大尖牙跟锋利的石头差不多。

"龙穴"

龙的藏身之处黑暗、潮湿——洞穴的入口，有可能掩映在盘根错节的老树根下，也可能隐藏在某个树洞里。

寻觅
隐身龙

龙总是能巧妙地避开人类的视线。不过，它也有露出马脚的时候，很可能会被你抓个正着。你能拆穿它狡猾的伪装术吗？你有本事出其不意地抓到它吗？

到树林、公园和沙滩转一转。看看你能发现多少只费尽心思乔装打扮的龙？

你能看到这只巨龙的眼睛吗？眼睛眯起来试试看。

你敢爬到龙的肚子上野餐吗？敢不敢顺着龙长长的、疙疙瘩瘩的尾巴爬上去，骑在它的背上？

去找一找龙的尸骨，它们有可能已经变成了树干和岩石。它们是在和同类的激烈搏斗中倒下的，还是被邪恶的女巫施了魔法呢？

借助自然物让藏起来的龙现身，给它装上一对明亮的眼睛，硕大的耳朵，坚硬的牙齿，丰满的羽翼，还有锋利的爪子。

让你的龙继续留在这里吧。未来的探险者，还有和你一样的寻龙者都想要一睹它的风采呢！

冰雪龙

有些狡猾的龙会用魔法把自己藏起来。但是赶上冰雪天气，魔力失效，它就会立刻在目光敏锐的寻龙者面前现出原形。

仔细地在冰雪中搜寻线索。一丝一毫的线索都不能放过……

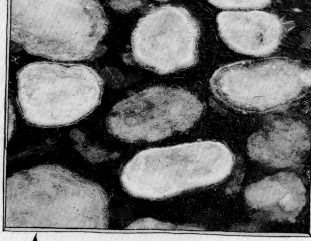

"龙刺"就隐藏在结霜的叶子间。

龙的鳞片在冰冻的河面上漂浮着。

巨龙的脊背在结冰的大地上显现。

一只小型"冰龙"正从冰瀑里探出头来。

安全小贴士
·在水边探险时一定要有大人陪伴。

制作一只"冰雪龙"

用积雪和冰块制作一只冰雪龙吧，你们会成为好朋友的。

1. 往塑料盒里塞满雪，倒扣出来就是一个雪方块。

2. 无数个雪方块连接起来就是冰雪龙长长的身子和尾巴。

3. 可以用一些新鲜松软的雪填补缝隙，用小铲子修饰边边角角。

4. 再堆一个龇牙咧嘴的大脑袋。

5. 沿着龙的身子和尾巴，用雪或者冰块给它添上硬硬的刺，你的冰雪龙酷吗？

你需要准备：
一个大大的塑料盒，一把小铲子和一些在结冰的池塘里找到的碎冰块。

"龙的呼吸"魔法瓶

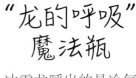

冰雪龙呼出的是冷气，不是火焰。你可能完全看不到它们，不过你可以趁冰雪龙呼吸的时候收集一些，这样你就能吸收冰雪龙的魔力了。

你需要准备：
一个特别的玻璃瓶和一个魔法标签。

龙呼出的气体

1. 等天气冷到一张口就会呼出雾气的时候，走到户外。

2. 深吸一口气，对着瓶口呼出来。这样，冰雪龙呼出的寒气就能被你装进瓶子了。

3. 迅速盖上盖子。

4. 贴上标签，把它藏进冰箱冷冻。你下次出门探险时，就可以把"龙的呼吸"魔法瓶带在身上。如果不幸遭遇恶龙袭击，它就可以保护你。

自然世界中的"龙"

自然世界中的龙，体形或许很小，也从来不喷火，但是它们已经在地球上生存了亿万年，饱经历练，具备极强的魔法能力。

蜻蜓
——被"诅咒"的迷你龙

蜻蜓在英语中叫"dragonfly"也是"龙字辈"的。蜻蜓和恐龙一样古老。它的幼虫待在水下，只要拿上网子和小竹篓，就可以在池塘或是小溪里捕捞到它们。把捕到的幼虫轻轻地放进水瓶，仔细观察，你捉到的是一只没长大的水下迷你龙吗？

魔法技能

成年以前，蜻蜓幼虫要在水下度过五年的漫长时光，以蝌蚪、昆虫和小鱼为食。等到盛夏来临，这些小家伙会趁机从水下爬出来，爬到水边的叶子上晒太阳，慢慢地，它们就会长出美丽的翅膀，成为真正的蜻蜓。

何处寻蜻蜓：河流与池塘附近

安全小贴士

· 在靠近水边和破旧砖墙的地方探险时，一定要有大人陪伴。

58

蝾螈

这个春天，来池塘和沟渠找一找样子像龙的两栖动物吧！如果是其他季节，说不定你也可以在树林、花园和庭院的阴暗潮湿处找到它们。它们喜欢吃水里的生物，也爱吃陆地上的蠕虫和甲虫。但是，你可不能捕捉它们，更不能因为喜欢它们就把它们带回家哟！

何处寻蝾螈：河流与池塘附近

魔法技能

如果蝾螈的尾巴和腿断了，很快还能再长出新的。它们有冬眠的习惯，有时候会在水下冬眠。

何处寻蜥蜴：干燥的地方、石墙、荒原和高低起伏的草原

蜥蜴

蜥蜴保留着史前爬行动物的样子，在夏天，我们经常能看见它。有时候它正在晒日光浴，有时候它正飞快地爬过岩石。

魔法技能

有一种蜥蜴叫变色龙，它的肤色可以随栖息地环境的变化而改变，还能通过变色向同伴发出信号。所有蜥蜴都有尾巴再生的本领。

龙穴

和鸟儿一样，龙也需要筑造一个温暖安全的巢穴，保护龙蛋和龙宝宝。

如果你的龙只有衣服口袋那么大（很多凶猛的龙都这样），那就可以做一个像鸟巢一样的巢穴，用上小树枝、青草和树叶。不要在它的窝里垫松软的苔藓和羽毛，因为龙更喜欢扎扎的叶子和尖尖的刺。

你的龙喜欢哪一种巢穴呢？

如果你的龙体形庞大，那就用树枝和木棍编一个巢穴，巢穴的面积要能容纳一颗巨大的龙蛋。你还可以多找点树叶做装饰，这样巢穴就不会轻易地被人发现了。

龙蛋

你想过有朝一日会有一只真正属于自己的宠物龙吗？按照以下步骤就能拥有一颗有魔法的龙蛋。

你需要准备：
冷杉果，
鹅卵石或是土豆，
黏土，种子，
树叶和花瓣。

1. 寻找卵形物体，比如冷杉果、鹅卵石。如果这些都没有，你也可以找大人要一些（储存在厨房里的）土豆。给"蛋"裹上一层黏土，最少也得半厘米厚。黏土裹得要均匀，保证表面平滑。

2. 现在开始装扮龙蛋，树叶、花瓣等各种自然物都可以安在黏土上，发挥想象力，设计一颗与众不同的龙蛋吧！怎么才能体现出每只龙的个性和内在气质呢？如果这颗蛋色彩艳丽，那可能会孵出一只善良友爱的龙。如果是一颗长满鳞片，又用各种尖尖的刺巧妙伪装的蛋，很可能会孵出一只凶猛的龙。

3. 轻轻地把龙蛋放进巢穴，静静等待小龙破壳而出。

龙宝宝

龙宝宝破壳而出的那一刻会是什么样子呢?

你需要准备:

龙杖,黏土和各种落在地上的自然物。

1. 挑选龙杖。用来做龙杖的木棍不要太直,树皮尽量粗糙。也可以选择一端有分叉的木棍,岔开的两根细树枝能当龙角,还可以变成双头神龙。

2. 在木棍的一端结结实实地裹上一块黏土,然后捏出一个龙头的造型。

3. 你打算制作哪种龙? 念一句魔法咒语,你手中的龙就能苏醒。寻找一些自然物,给它安上一双有神的大眼睛,一对长长的耳朵或是龙角,坚硬的鳞片和锋利的牙齿。当然,你还可以给它添一个长着翅膀的身体,一切都由你说了算。

4. 神龙木偶做好了,等我们在户外表演神龙木偶戏的时候就可以用上它。如果你还希望加入其他的角色,可以利用身边的自然物制作女巫木偶和仙子木偶。

保卫神龙

一旦你和神龙成为朋友，你就要做好准备，随时防御各路敌人的攻击和偷袭，还要保护好神龙苦心收藏的宝藏。

你需要准备：

一把铅笔刀，
一些橡胶气球皮，绳子，
硬纸板或硬质纤维板，
绘画颜料。

剑

找一根又硬又直的木棍，小心翼翼地用小刀削去树皮，然后把木棍削成一把剑的形状。注意安全，剑的尖端可别磨得太锋利。这样剑就做好了，你还可以再添上剑柄。

如果你的木棍柔韧性比较好，可以将一端弯成弧形剑柄，再用绳子把剑柄和剑身固定住。

如果你打算做一把直柄剑，你可以找两根结实的树枝，与剑身呈十字交叉状，并置于剑身一端，再用绳子将其固定住。

弹弓

首先你要找到一根硬质的 Y 形树杈。将气球皮拉长，分别系在两个岔开的树枝上。

然后制作质地松软的"弹药"，比如面粉炸弹，用厨房纸把一勺面粉裹紧就可以了。

盾牌

再勇敢的神龙战士都要做好防护措施。先用硬纸板或是硬质纤维板裁剪出盾牌的形状，再用热熔胶枪在盾牌背面粘上把手。最后，在盾牌上画上盾形图案——这是英勇高贵的神龙战士身份的象征。

安全小贴士

· 使用刀具时请务必小心，建议大人从旁协助。

· 木棍不可以指向人和动物，更不可以用弹弓向人和动物投射石头、火苗等任何危险品。

· 只有大人在场时，你才可以使用热熔胶枪。

龙血

传说龙血有特别的魔力，能够抵御一切邪恶生物的攻击。你的神龙愿意看在朋友的分上献出几滴血吗？

可食用的浆果

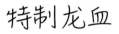

你需要准备：

可食用的浆果（问问懂行的人，哪些浆果好吃又有营养），糖，煮锅，滤网，漏斗，贴有魔法标签的玻璃瓶。

特制龙血

秋天，浆果纷纷成熟，这个时节制作龙血再合适不过了。

1. 到野外采摘可食用的浆果，比如欧洲李子，接骨木果和黑莓。

2. 把浆果带回家，洗净，放入锅中，加糖，小火慢熬。建议尝试不同种类的浆果，找出最像龙血的颜色。

3. 果酱冷却后，用滤网过滤出细腻、黏稠的龙血。

4. 用漏斗将龙血倒入玻璃瓶。

5. 吃冰激凌的时候，淋几滴龙血，瞬间你就会充满能量，所有恶龙见了你都会逃之夭夭。

安全小贴士

·只能采摘可食用的浆果。采摘前，请熟悉浆果的大人确认浆果是否可以安全食用。

过滤浆果汁

成品

巫师

你一定很羡慕哈利·波特吧？作为巫师，会念咒语，精通魔法，他们中的大多数看起来还有点吓人。但是你知道他们和各种野外环境，乃至整个自然界的亲密关系吗？他们比谁都更了解纷繁复杂的自然世界，源源不断地从野生植物和动物身上获得灵感。你们看，他们研制魔法的材料从来都不会超出自然界的范畴。

巫师到底是如何借助自然力量施展魔法的？我们一起来看看吧，好好享受制作巫师服、飞天扫帚和"林间精灵"的乐趣。

哈利·波特同款巫师服

自然物的颜色会渐渐消退，所以，得抓紧穿上用自然物制作的巫师服。

你需要准备：

黑色卡纸，剪刀，双面胶，铅笔，胶水，毛线，落叶和羽毛。

星形树叶

采集秋天变黄的落叶，只要一把剪刀，树叶就可以变成月亮、星星、闪电，或是鬼脸。先来制作一片星形树叶吧，把树叶对折，然后再对折。如图所示，剪出一个箭头形的缺口，打开它，一片星形树叶就做好了。

巫师帽

1. 用一张黑色卡纸剪一个半圆，卷成圆锥形，圆锥底部周长要和你的头围相当。用双面胶将圆锥侧面粘牢。

2. 在黑纸上沿着盘子画圆，把圆剪下来。

3. 制作帽檐，将圆锥立在圆形纸的中间位置，沿圆锥底部的轮廓画圆。

4. 从圆心到圆周，先画出多条直线，再沿直线剪开，形成若干三角形。各三角形一一向上弯折，与圆锥帽的内部粘在一起。这样就能把帽檐粘得很结实。

5. 用双面胶或是胶水粘贴星形树叶和羽毛，让帽子更好看。

· 当然，你也可以直接买一顶帽子，把它装扮成巫师帽。

巫师服

　　只需要一块黑布，再用双面胶或胶水把形态不一、颜色各异的落叶粘上去，一件闪耀着魔法魅力的巫师服就做好了。

魔法木棍

寻找魔法木棍的时候，你可能会觉得所有木棍都平凡无奇。不过，只要你用心观察，就肯定会找到魔力超群的那一根。它可以制作光速飞天扫帚，可以成为法力无边的巫师手中的权杖，还可以成为备受女巫青睐的魔杖。

制作飞天扫帚

你可以利用巫师的飞天扫帚，去往任何一个你想去的地方。但是，一根看起来普普通通的木棍如何才能拥有魔力，变成神奇的飞天扫帚呢？

你需要准备：
一根长长的木棍，许多小树枝，绳子和颜料。

1. 用心选择一根魔法木棍（没准儿是它在选择你）。这根木棍要粗大、结实，还得有一些特别之处。比如它有一部分很适合改造成舒适的座椅，又或许它有一个像怪兽脑袋的手柄。

2. 收集一大捆小树枝。把一部分小树枝捋顺，用绳子勒紧，绑在木棍的一端。再用绳子把剩下的小树枝也围绕着刚才捆好的树枝绑上去，同样要把绳子系紧。

3. 花点心思装饰你手中的木棍，它就可以成为一把有魔力的飞天扫帚。也许，你想给它画上"加速"彩带，让它飞得更快；如果碰巧你的木棍上有一个疙瘩，你还能给它画成鬼脸或者改造成操作按钮。

制作巫师魔杖

如果你想把你的姐姐变成绿巨人，让你的哥哥瞬间消失，那你肯定需要一根魔杖。每种木头都有不同的魔力，你要找到最适合自己的那根木棍，然后用那些对你有特殊意义的自然物装扮它。

削树皮，给木棍塑形，在木棍上作画，打磨抛光，用各种自然物做装饰，所有这些工作都可以增加魔杖的法力。你在魔杖上花费的心思越多，它拥有的法力就越强，你和魔杖之间的连接也会越紧密。这里有一些制作魔杖的小建议。

在魔杖上裹一层双面胶，粘上有魔力的自然物：羽毛可以助你"飞起来"，贝壳能增加你的防御能力，苔藓能让你的魔力不断增强，香草的细小枝叶可以护佑你平安健康。

用燃木工具（或是烙画笔）在魔杖上烫出花纹和小动物的图案。

你需要准备：

一根木棍，
双面胶，
胶水或黏土，
颜料和自然物。

魔杖不一定非要直直的。如果你有一根有弧度的魔杖，那完全可以把麻绳缠绕在魔杖的一端，做成造型独特的手柄。

你还可以在魔杖上绑羽毛、贝壳，甚至是经过防腐处理的鸟类头骨，以抵御黑魔法的侵袭。

在魔杖和飞天扫帚上绘制对应的图案，相互呼应，必定魔力超群。

当你请巫师朋友们来玩的时候，一定要让大家统一把魔杖放到门口的罐子里，免得谁一不小心念错咒语伤及无辜。

70

制作巫师权杖

魔杖是用来施小魔法的，如果你想念出超级咒语，或者是和某个顶级巫师决斗，那你一定要准备一根能量超强的权杖。这根权杖立起来得和你一样高，而且粗大结实。权杖的右侧缠绕着一个魔力高强的巨怪，它长着羽毛状的头发，戴着扎手的七叶树果壳头饰，长着贝壳和橡子状的眼睛，留着蓬松的胡须，还扎着布满荆棘的领结。

把守护瓶挂在"权杖巨怪"的脖子上，里面放上写着咒语的桦树皮（制作方法请参考第 77 页）。

海洋权杖

为海洋巫师制作一根海洋权杖吧。寻找一根饱经海浪冲刷、侵蚀的浮木，用贝壳、羽毛、海草和被海水冲刷后光滑的碎玻璃做装饰，全方位激活权杖的魔力。

安全小贴士

·使用刀具和燃木工具时，一定要特别小心！不要羞于向大人求助。

71

巫师的宠物

还记得哈利·波特的信使海德薇吗？每个巫师都拥有一个会魔法的小宠物，它们是巫师最值得信赖的亲密伙伴，是巫师施展魔法的绝佳助手，也是消息灵通的自然界间谍。猫头鹰、乌鸦、老鼠、蝙蝠、蜘蛛、蛇，还有家猫，都是深受巫师青睐的宠物。

你需要准备：

一双不配套的旧袜子，报纸，绳子，热熔胶枪，还有包括冷杉果、羽毛、叶子和黏土在内的自然物。

这只友好的猫头鹰，一定是巫师信得过的朋友，请它帮忙送信肯定不会出错的。

制作巫师的猫头鹰或乌鸦

只需要几种简单的材料，你就可以制作巫师的魔法宠物。

1. 首先，要选一只袜子。如果制作乌鸦，就选黑色袜子；如果制作猫头鹰，就选棕色袜子。当然，你也可以做一只红色的乌鸦，或者一只粉色的猫头鹰，这是你的宠物，肯定是你说了算！

2. 把旧报纸揉成团，塞满袜子。

3. 接下来，用热熔胶枪把各种自然物粘在袜子外面。你可以用羽毛做它的翅膀，用树枝做它的小爪子，用树叶当它的脸，再用各类种子突显它的个性。不管怎么样，得让你的宠物生动活泼起来。

4. 给你的宠物系上长长的绳子，这样你的宠物既能在枝头休息，也能振翅高飞了。

安全小贴士

·只有在大人的看护下，才可以使用热熔胶枪哟！

更多魔法宠物

你还可以用塞得鼓鼓囊囊的袜子制作其他宠物，比如魔法飞鸟。用贴满树叶的硬纸板做羽翼，用小树枝做小爪子，用羽毛做小尾巴，做好后把它挂在你的扫帚上。

用松果或是黏土做身子，再用各种自然物稍加改造，就能轻松制作出一只可怕的大蜘蛛。你能编织一张棉绳蜘蛛网吗？让你的蜘蛛藏在上面，随时准备捕食落网的苍蝇。

用一片大叶子直接剪出蝙蝠翅膀的形状，用冷杉果做蝙蝠的身子，再给它添上一个黏土脑袋、种子眼睛。

自然世界的 小秘密

想成为一名合格的巫师，你要调动所有的感官，运用你掌握的博物学知识去窥探这些小动物的行踪，探寻它们的秘密。用心观察它们的巢穴、行踪，还有它们可能留下的一切线索——一颗猫头鹰吐出的食团，一片乌鸦遗落的羽毛，一粒老鼠啃食过的坚果，等等。记住，你在窥探小动物时，它们也在窥探你，你的一举一动都逃不过它们的眼睛……

巫师的魔法小屋

卧室可不是练习魔法的好地方，你得到外面去，找一个隐蔽的地方，把它打造成巫师朋友们都喜欢的魔法小屋，就像本书第 64 页和第 65 页展示的那样。一棵老树，一根倒下的树干，一个隐藏在林间的废弃巢穴，或者是某个花园深处的秘境，都是不错的选择。精心布置你的魔法小屋，在这里配制魔药，练习魔咒。如果你想体验真正的野外冒险，天黑后，带上魔灯（制作方法请参考第 167 页）去探访你的魔法小屋吧！

巫师漫游小妙招

找个地方坐下来，比如盘根错节的大树宝座，或是用坩埚制作魔药时专用的木头座椅。

如果想让你的出场更有神秘色彩，可以找一块经过防腐处理的动物头骨，把小夜灯放在头骨的眼窝里，制作一盏两眼冒光的骷髅灯。

安全小贴士

· 人走灯熄，不要让夜灯独自在野外亮着。

· 摸过骨头后，一定要好好洗手。

74

为了避免魔药洒出来，应该选一块平坦的地方存放坩埚。

寻找僻静隐秘的角落存放你的魔法瓶和各种制作魔法的自然物。

用橡皮筋把"树叶鬼脸"固定在瓶身，瓶中放入蜡烛，制成鬼脸灯笼，照亮你的魔法小屋。

制作迷你巫师

制作一个迷你巫师，和它交朋友。你不在的时候，它可以保护你的魔法小屋。

你需要准备：

一根木棍，黏土，
一顶帽子，
一根橡皮筋
和各种自然物。

1. 把一捧黏土固定在木棍的一端，捏成一张巫师脸。

2. 用野草做它的头发，小石子和小树枝做它的牙齿，眼睛也要捏一捏，你想象中的巫师是什么样，就可以把它设计成什么样。

3. 给它做一顶小帽子（制作方法请参考第 66 页），再给它穿上树叶斗篷，用绳子或者橡皮筋固定住。

闪耀着金色光芒的红叶斗篷。

制作守护瓶

守护瓶里存放着各种细小的自然物，它能给你带来好运与安宁，保佑你不被恶毒的巫师侵扰。

你需要准备：
有盖子的小玻璃瓶，
皮革绳或是
其他材质的绳子。

1. 到公园和树林里玩一玩巫师寻宝游戏吧！你可能会发现一片羽毛（从某个巫师的乌鸦身上脱落的），一个蜗牛壳（有防护功能），一粒红色浆果（可以造血），一些松软的种子（可能是神龙的耳毛），或者是一粒小小的橡子（山野生灵的眼球）。看看你的守护瓶里能装下多少神奇的小东西？

这可不是什么有魔力的自然物，不过是一枚曲别针。和它一比，你就知道那些你找到的自然物有多小了。

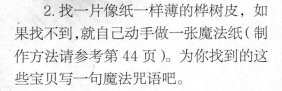

最好能找一个带软木塞的玻璃瓶。

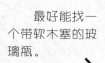

2. 找一片像纸一样薄的桦树皮，如果找不到，就自己动手做一张魔法纸（制作方法请参考第 44 页）。为你找到的这些宝贝写一句魔法咒语吧。

3. 把它们都装进玻璃瓶，拧紧瓶盖，别让魔力泄漏出去！

坩埚

隐藏在林间的天然坩埚，正是
巫师熬制魔药的工具。

纯天然魔药

找一口苔藓坩埚，倒入水和魔法原料（可能是
仙子的翅膀，精灵的纸杯，也可能是神龙的鳞片），
用搅拌棒或魔杖充分搅拌，调制出浑浊的魔药。

苔藓坩埚

巫师最喜欢使用天然坩埚了。
瞧！树墩上这个存着水的圆洞就是
个上好的苔藓坩埚。

用木棍、羽毛、经过防腐处理的骨头和其他
的山林宝物装饰坩埚，坩埚的魔力会更强。

经彩色树叶装点的坩埚，可以变出欢乐祥和的
魔法。看这个秋叶坩埚，似乎是在冬日的漫漫长夜
到来之前，向那些洒满阳光的日子做郑重告别呢。

调制"魔法汽水"

所有巫师都是调制魔法汽水的专家。像他们一样，走进自然世界，用坩埚熬煮魔法汽水，做一个行走于山村田野的发明家吧。瞧这个绿色混合物，虽然看起来吓人，但没准儿会给你带来好运呢！

你需要准备：

一个金属坩埚（一个铸铁锅或者旧的煮饭锅），醋，小苏打，食用色素，水和存放在魔法柜里的各种自然原料。（制作方法请参考第 36—37 页）

1. 完美的魔药往往由杂乱的自然物炼制，所以去户外的时候一定不要忘了带上坩埚。

2. 在魔药里加入一些配料。就像这个坩埚，里面有象征好运的欧石南，有传递美好愿望的蒲公英，有预示平安健康的玫瑰果，还有巫师又扎又痒的胡子。

3. 往坩埚里加入水、醋和一点点食用色素。

4. 施魔法的时候到啦！加入一小勺小苏打，魔药就会冒泡，发出嘶嘶的声音，不停地把咒语传到空气中（科学地讲，这是小苏打遇水释放出二氧化碳的化学反应）。

5. 用木棍或旧木勺不停地搅拌，再将魔杖轻轻一挥，向魔药施咒。

6. 尝试加入不同含量的醋和小苏打，或是加入洗洁精和热水，看看魔药会有什么不一样的变化。

精灵和仙子

精灵和仙子长得非常小，树林、草地、花园、城市公园，甚至是庭院和露台的花盆里都有它们的身影。和所有的山野生灵一样，它们吸收自然世界的养分，获得能量与法力，所以千万别把它们关在家里，也不要用塑料仿制它们！它们属于自然世界，是美丽可爱的伙伴中的一员，它们要与蝴蝶、蜜蜂、飞蛾共舞，与草蛉、甲虫和其他小昆虫为邻。

无论何时何地，只要身处户外，你就一定会遇到这些小生灵，但是你要记住，它们只信赖真正把仙子当朋友的人。它们可能在蜘蛛网的露珠里小憩，可能在穿透树叶缝隙的晨光里飞舞，也可能在薄薄的冰霜和雪花里眨眼睛（只有真正的仙子才会这么做）。你也可以采集自然物，制作属于你自己的仙子和精灵，最后再把它们送回自然世界。

花园尽头住着仙子吗？

当然！不过只有真正相信仙子存在的人才能发现它们。化身为小侦探，使出你探秘自然的本领，开启一次花园寻宝之旅吧！用心寻找仙子和精灵世界的蛛丝马迹，无论日升日落，春夏秋冬，你都会有所收获的。

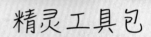

精灵工具包

精灵的树叶工具包里有蜗牛壳收纳罐、橡子水杯、一小截草绳、一块用来打火的燧石（精灵世界没有火柴）、山毛榉坚果点心、一件取暖的毛毯、木炭条，还有一卷用来写密信的白桦树皮。

仙子的翅膀

仙子和鸟儿一样，每隔一段时间，它们的旧羽毛就会脱落，然后长出新的羽毛。瞧！这可能就是冰雪仙子刚换下的闪闪发光的羽翼，当然也可能是秋日仙子绚丽多姿的翅膀。

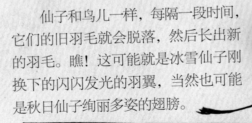

精灵的弹弓

小家伙们总是丢三落四，这个用小树枝做成的迷你弹弓就是它们遗忘在这里的。

仙子和精灵的家园

你能循着细小的线索找到仙子和精灵的家吗？它们的家可能藏在门廊上和窗棂边，它们的迷你苔藓花园和小游泳池可能就隐匿在老树根和树杈间。

给仙子和精灵的密信

仙子和精灵害怕见人，总是喜欢躲起来，不过如果收到你的密信，它们肯定会和你畅所欲言的。

1. 用魔法笔蘸上几滴神奇墨水，在像纸一样薄的树皮或者魔法纸（制作方法请参考第 44—45 页）上写一封密信。

2. 把纸卷起来，塞进小玻璃瓶。

3. 走到户外，把玻璃瓶放在仙子和精灵可能出没的地方。几天后，看看是否收到了它们的回复。

4. 查看后，记得把玻璃瓶带回家。

你需要准备：
一支魔法笔，
薄树皮或者纸，
一个小玻璃瓶。

给仙子的
密信

爸爸妈妈说仙子是不存在的，但是我知道你就在这儿。请尽快回复我，我要证明他们是错的！附言：我现在还没有开始换牙齿呢！你还喜欢什么东西吗？巧克力？

制作
花仙子
和叶子精灵

如果你找不到任何一个仙子和精灵，那就自己动手，用常见的小野花、花瓣、绿叶和种子制作一个。

1. 准备一根 8 厘米长的扎花铁丝，将一端弯成半环形。

2. 选一朵漂亮的小野花，做花仙子的帽子，把它从底部穿入，固定在环状把手的下方。

3. 找一粒浆果，做花仙子的头。同样从铁丝底部穿入，固定在花帽子下方。用长着嫩芽或种子的花梗做手臂。

4. 再用一朵大一些的花做花裙子（包括花仙子的腿）或是裤子。

5. 在铁丝底部弄一个结，以免有哪个部位滑落。花瓣和叶子做翅膀，用双面胶粘在花仙子的背上。

6. 把透明的钓线系在环形小钩上，这样你走到哪儿都可以带上花仙子了。

花仙子

花仙子很快就会凋零，所以一定要好好珍惜和它共处的时光。你可以把它挂在窗前，也可以让它在大树枝头或是巫师们的聚会上大放异彩。

叶子精灵

制作叶子精灵，得把叶子和花蕾穿到铁丝上。看这个小精灵，身穿绿叶铠甲，腰间围着浆果搭扣腰带，花蕾做的脑袋上还长了一对绒毛大耳。

瓶子小屋

为你的花仙子建一座撒满鲜花和香草的瓶子小屋。

你需要准备：

一个广口玻璃瓶，
苔藓，羽毛，
鲜花，
"仙尘"，
橡皮筋和胶带。

1. 瓶底铺满苔藓、仙子的宝藏和闪闪发光的魔法仙尘（制作方法请参考第93页）。

2. 把钓线粘在瓶盖下，仙子就可以站在瓶中了。

3. 盖好瓶盖，在瓶口缠几圈橡皮筋。

4. 用橡皮筋把羽毛、鲜花等自然物固定在瓶盖上，为花仙子准备的瓶子小屋就做好了。

花仙子徽章

花仙子徽章是其身份的象征，花仙子看到徽章，知道你是它的朋友，就不会再躲起来了。

你需要准备：

薄卡纸，曲别针，双面胶，叶子，羽毛和花瓣。

选择五彩缤纷、姿态不一的花瓣。

1. 沿卡纸剪出花仙子的身体和头，用双面胶把仙子的头粘到身体上。

2. 画出花仙子的脸，在卡纸的背部粘上曲别针。

3. 在花仙子背部粘上一对翅膀——可以是羽毛，也可以是树叶或者花瓣。

4. 用色彩斑斓的花瓣设计一身艳压群芳的礼服，粘在花仙子卡纸正面的双面胶上。

捣蛋小精灵

不是所有的小生命都喜欢待在家里，被小心地呵护、照料。外出探险的时候，别忘了用自然物和黏土制作几个调皮捣蛋的精灵和仙子。

你需要准备：
黏土，自然物
（比如木棍、坚果、种子、花瓣、蜗牛壳和羽毛），
野草或绳子，
小折刀。

1. 你能找到一根自带手臂和腿的木棍吗？如果找不到，那你就需要用绳子把木棍拴在一起，做一个精灵的身体吧。

2. 在木棍的一端裹上黏土，捏出一个大脑袋。你也可以用小折刀在木头上雕刻一张脸。

3. 利用羽毛、种子、树叶、花瓣等各种自然物设计服装和羽翼，用黏土、野草或绳子把它们与精灵的身体固定在一起。

4. 无论找到什么样的自然物，你都能用得上。如果你恰好在海边，拾到浮木、海草和贝壳，还可以制作一个海滩精灵呢。

安全小贴士

· 有大人帮忙时，你才可以使用小折刀。

仙子时装秀

仙子们做梦都想拥有满衣柜的新潮时尚衣服，随便挑出一件都能让它们在舞会上光彩夺目。

制作仙子模特

在开始设计时装以前，你要先制作一个仙子模特。

你需要准备：
白色卡纸，
双面胶，
魔术贴，
剪刀和各种自然物。

1. 在白色卡纸上画一个带底座的仙子娃娃，身高建议在 15 厘米左右。

2. 把仙子娃娃剪下来，同时，在底座上剪一条缝。再用卡纸剪一个和底座尺寸一样的长方形，同样剪一条缝，作为卡槽。将长方形与底座的卡槽相对，垂直插入。这样仙子娃娃就可以立起来了。

3. 给你的仙子娃娃画一张可爱的脸，你也可以给它的身子和底座涂上颜色。

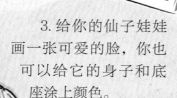

4. 在仙子娃娃的额头、前胸、手腕、双膝，以及后背都粘上魔术贴，仙子模特就做好了。过一会儿就能把设计好的衣服和翅膀粘在魔术贴上了。

5. 把白色卡纸分别剪成翅膀、连衣裙和帽子的形状。在这些卡纸的一面粘上魔术贴，便于粘贴在仙子模特身上；另一面粘上双面胶，用于粘贴自然物。

翅膀

裙子

帽子

6. 用双面胶把叶子、花瓣、种子和羽毛粘在卡纸上，无论衣服被设计成了什么样，仙子都像是把四季风物穿在了身上一样。

粘花瓣的时候一定要小心，别弄破自然物，你不想看见仙子穿一件破了洞的裙子吧？

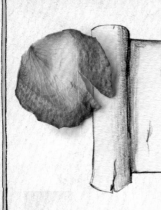

四季不同的仙子时装

采集各种自然物，为你的仙子设计几套季节限定款时装。

春季时装秀

选择嫩绿色的树叶、凋落的春日野花和会结出果实的小花。

黄色小野花是春天的宠儿。

夏季时装秀

采集明亮鲜艳的夏日落花。

无袖连衣裙更能显现出夏日的奔放与清凉。

燥热的天气总是少不了这一抹绚丽的玫红色。

秋日时装秀

还可以从树上落下的黄色、橙色、红色和金色的叶子中获得设计灵感。

橡果的碗形外壳是天然的仙子帽。

一根小羽毛烘托出了这顶小帽子的秋意。

秋天是制作锯齿边百褶裙的好时候。

冬日时装秀

即便是在冬天，你也可以找到制作仙子服装的时尚原料：羽毛，种子，干枯的叶子和常绿的树叶，等等。

蕨类植物短裙就散发着冬天的味道。

仙子和精灵的魔法

仙子和精灵的魔法咒语都是借助花儿的魔力实现的。花儿纤弱，却魔力惊人。很多飞虫都会被花儿明艳的色彩和芬芳吸引，沿着花瓣爬进爬出，大口吮吸香甜的花蜜，这时候，花粉也就沾在了小飞虫的身上。等小飞虫到另一朵花里采蜜时，花粉落到柱头，花儿就会结出种子，在新的地方慢慢长大。

制作魔法花屑

向空中抛撒魔法花屑，就可以为仙子许愿，你还可以用花屑制作仙尘。

你需要准备：

厨房专用纸、托盘和花瓣。

仙子香水

制作一瓶芬芳馥郁的仙子香水。

你需要准备：

花朵，花瓣，香草叶和一个小玻璃杯。

1. 采集气味馨香的花和香草叶。

2. 玻璃杯里装一些水，把采集到的芬芳植物装进杯子，最后编织花伞，装饰杯口。

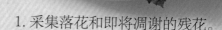

1. 采集落花和即将凋谢的残花。

2. 托盘上放一张吸水性强的厨房专用纸，把花瓣平铺在上面，再将托盘放到温暖的地方（比如通风的橱柜），等花瓣完全晾干。

3. 将干花储存到敞口容器中，可随时取用。

许愿蒲公英

对着蒲公英伞头上毛茸茸的小种子大口吹气，那些古灵精怪的仙子愿望就会轻轻散开，漫天飞舞（没准儿它们就是仙子呢？）。

你需要准备：
蒲公英伞头，一个玻璃罐，还有你心中的小愿望。

1. 背朝风的方向站着，吹蒲公英的小种子。

2. 目送小种子渐渐飘远时，许下愿望。

3. 如果你想把愿望存起来，和伙伴们分享，就把整朵的蒲公英伞头装进玻璃罐，放到你的魔法柜。

魔法仙尘

对着空气轻轻地吹一点儿仙尘，仙子的梦想和愿望就都会变成现实！

你需要准备：
盐，
食用色素，
花瓣或是花屑。

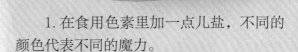

1. 在食用色素里加一点儿盐，不同的颜色代表不同的魔力。

2. 加入新鲜的花瓣或是干花瓣（或花屑），轻轻搅拌混合，制成彩色仙尘。

3. 外出寻找仙子时，把仙尘带在身上。

魔杖

用天然材料制成的魔杖，汇聚了自然界的灵性和魔力，可以挥出各种奇妙的咒语。为你的仙子制作一根小小的魔杖，再为你和你的朋友们制作一些尺寸更大的魔杖。

献给好友的魔杖

挑选尺寸大一些的木棍，当你握住它的时候，要能感受到它释放的魔力。你可以削去树皮，再用砂纸把它打磨光滑。

真正的仙子魔杖

把做好的小小魔杖放进瓶子里，出门寻找仙子的时候带上它，把它送给你遇见的仙子。

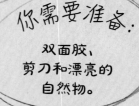

你需要准备：
双面胶、剪刀和漂亮的自然物。

1. 把双面胶呈螺旋形或是环形缠绕到木棍上。

2. 带上你的木棍去探险，沿途收集的自然物都可以粘上去，像飘落的花瓣、轻柔的树叶、蓬松的种子，还有洁白的羽毛等。

3. 如果碰上超大的花瓣，也可以直接剪成彩带或者其他形状，粘在魔杖上。

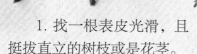

你需要准备：
细小的树枝，细线，花瓣，种子和花朵。

1. 找一根表皮光滑，且挺拔直立的树枝或是花茎。

2. 用细线把这些小花瓣、小种子、小野花拴在上面，魔杖就做好了。细线还可以在魔杖上多缠绕几圈，把你喜欢的自然物都加上去。

仙子魔杖

每个季节，都可以用现成的自然物制作一根新的魔杖。

星光魔杖

一根长为1米，新鲜柔韧的绿色枝条，就可以折成星光魔杖。

你需要准备：

一根长为1米的、嫩绿色的、柔韧性强的枝条（柳树的枝条是绝佳的选择）和细线。

1. 在距离枝条开端30厘米处，弯一个圆环。沿着逐渐变细的枝条，至少再弯三个同等规格的圆环，保证每个圆环相隔5—10厘米。

2. 把刚才弯成环形的部分拉直，将靠近开端的两个弯曲处折成数字4.

3. 把枝条末端穿过数字4的三角形，将其折成与三角形锐角相对应的两个角。

4. 继续将枝条末端从三角形斜边的下方穿入，再从三角形直边的上方穿出，与枝条开端相交盘绕，形成五角星的最后一个角。

5. 枝条末端沿着枝条开端向下缠绕，形成魔杖的手柄。最后将枝条两端系在一起，或用细线固定。

6. 用自然物装饰魔杖。

魔法冰锥

寒冬腊月，积水成冰，世界一时间成了银光闪闪的冰雪乐园。来这里探险吧，不仅能见识到神奇魔法，还能遇见雪球精灵和冰霜仙子呢！

穿暖和一点儿，来室外找一找冰锥吧！积雪刚刚融化时，气温骤降，很容易出现冰锥。任何一颗小水珠都有可能变成仙子的魔杖，或是小精灵的神剑。在溪流旁，屋檐下，树枝上，任何小水滴、小水珠流过的地方都可能形成冰锥。

· 近距离观察冰锥。你能发现隐藏在冰晶里的魔力吗？那包裹在冰锥里的小气泡，照在冰锥表面的一闪一闪的微光，还有冰块映着蓝天泛出的钢青色。

· 遇到仙子的冰锥魔杖，或是精灵的长剑与短剑，记得拍照。趁着它们还没有融化，抓紧储存这些魔法能量。

· 带几块冰锥回家，存放在冰箱冷冻室里。等你需要冰气魔法，或是为冰雪独角兽（制作方法请参考第 145 页）安装犄角时，就可以把它取出来。

有冰雪钻石做点缀的仙子翅膀，你找得到吗？

精灵铠甲
和贴身武器

在庞大的精灵家族里，精灵战士最凶猛，行踪也最诡秘，往往来去无踪。它们挑选盔甲时，谨慎而且苛刻，只有伪装性极好的盔甲才能被它们选中。因此，它们总是能巧妙地躲避侦察员的眼睛。

先用黏土和木棍制作一个小精灵，然后再找一些自然物，打造铠甲和武器。

精灵士兵已经全副武装，准备迎接战斗了。它穿着坚果壳铠甲，用长着锐刺的七叶树果壳做盾牌，手中还举着一把树枝宝剑。

这个精灵战士，身穿一套树皮铠甲，肩挎一把用树枝和细绳制作的弓箭。用空心根茎制成的箭桶里放着满满一把微型鸟羽箭。你看，它手里还握着一根荆棘棒呢!

你能做一把可以射箭的微型长弓吗? 挑选一根易弯折的树枝，两端拴上细线或者棉绳，拉紧，待树枝微微出现弧度，弓箭就做好了。

化装舞会

如果想让真正的仙子和精灵把你当成朋友，你就要用上所有的野外探险技巧，从微小处着眼，转变你的思维方式，努力让自己成为其中的一员。一定要记住，真正的精灵和仙子不喜欢塑料制品，也不喜欢那些刺眼的亮片装饰物——它们希望所有的东西都能重复使用，从自然中来，回到自然中去。

仙子朋友的翅膀

如果你想去寻找仙子，这对翅膀你一定用得上。

你需要准备：

四根柔韧性好的绿色树枝，每根1米长。线绳、毛线、铁丝、松紧带和仙子喜欢的自然物。

柳枝羽翼

天然材料制成的羽翼能让你随心所欲地出入山野生灵的世界。

1. 把每根树枝都弯成翅膀的形状。树枝首尾两端打一个结固定。

2. 每边两只翅膀平放在草地上，四只翅膀的翼尖聚向中点，用细铁丝或者线绳把四只翅膀牢牢系在一起。

铁丝翅膀

如果你实在找不到柔韧性好的树枝，也可以把家中废弃的铁丝衣架（仙子世界也会欢迎的）改造成翅膀。

你需要准备：

两根废弃的铁丝衣架，一双旧连裤袜，电工胶布，双面胶，松紧带和仙子喜欢的自然物。

1. 把扁长的衣架撑开，变成一个圆环。这一步不能着急，衣架上的扭结如果都能拧开最好。

2. 动作要轻柔，弯出的造型绝对不能马虎，铁环的弧线一定要和图片吻合。将挂钩折起来，用胶带缠住，避免锋利的地方露在外面。

3. 把连裤袜的两个裤腿剪下。分别套在两只翅膀上。把脚趾部位移到翼尖，如图所示，用胶带缠住。

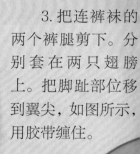

，柳树和榛子树刚刚抽芽，它们嫩绿的枝条柔韧性极好，用来做翅膀再合适不过了。

3.用彩色毛线缠绕翅膀，设计好看、好玩的图案。

4.把树叶、青草，还有各种自然物编织在毛线上，作为装饰。

5.在翅膀中间套两根松紧带，这样你随时都可以背上翅膀，自由飞翔啦！

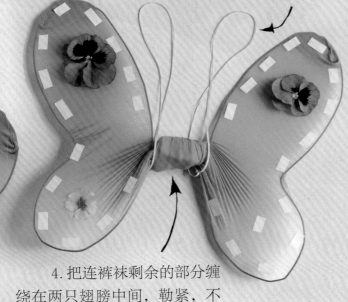

5.像柳枝羽翼一样，给这对翅膀也套上两根松紧带。

4.把连裤袜剩余的部分缠绕在两只翅膀中间，勒紧，不要把胶带露在外面。

6.用双面胶把花瓣和树叶粘上去，装点你的翅膀。

"仙后"和"仙王"的四季皇冠

春天，编织嫩枝新叶皇冠。
夏天，编织似锦繁花皇冠。
秋天，编织金色树叶皇冠。
冬天，编织荆棘傲骨皇冠。

藤蔓皇冠

这顶皇冠是由葡萄藤长长的卷须编织而成的，还有几朵园林花卉做点缀，庄重典雅。

野草皇冠

摘一把茎比较粗壮的野草，再寻几朵小野花，和野草编织在一起，皇冠就做好了。

毛茛皇冠

采集像毛茛这样的常见野花，编织成纤柔灵巧的皇冠。

化身为小精灵

小精灵最大的特点就是兵器精良，来去无踪。想要成为它们中的一员，就要好好修炼"伪装术"（请参考第26—27页），还要学会编织盾牌、王冠和帽子，铸造工序简单的木棍长剑和短剑。

头戴柳叶王冠的树叶精灵

制作柳叶王冠，是进入精灵世界非常关键的一步。找一根柔韧的柳枝编成圆环，再把常春藤的叶子和各种你喜欢的自然物都缠绕在上面，柳叶王冠就做好了。

长剑与短剑

精灵是自然世界功勋卓越的守卫者。走进树林，挑选一根有魔力的、结实的木棍，铸造一柄长剑或短剑（请参考第62页）。

你需要准备：

结实笔直的木棍若干，柔韧性强的树枝若干，野草和树叶若干。

草编盾牌

1. 轻轻弯折树枝，做成盾牌的框架，再用野草把衔接处系紧。

2. 把几根结实笔直的木棍等距纵向穿过盾牌，形成木棍与树枝交错的网格。

3. 用新鲜的或者干枯的树叶，填充盾牌的每一处缝隙。

安全小贴士

· 使用刀具时要注意安全，最好在大人的协助下使用。

· 不要用木棍指着其他人的脸。

　　你已经找到了仙子和精灵，还给它们制作了好看的衣服，现在让我们到它们的世界去看一看吧，或许还能帮它们建造一个小小的游乐园呢。上学路上，你不止一次地从公园里高低错落的树木旁走过，也很多次和伙伴们在花坛边和灌木丛中做游戏，但是你可曾停下来，近距离地观察过它们呢？在我们生活中的各个角落，都有一扇通往小人儿国的大门，一丛丛小植物，一群群小生灵，都在那个普通人极易忽视的魔法秘境里等待着你的造访。

　　现在，拿上魔法柜里的"喝了会变小"饮料，开启一次小人儿国之旅吧！带上放大镜，说不定你能看到一架大黄蜂直升机，一座鼹鼠山，或者是一个伪装成蝴蝶的小仙女。那长满青草的丛林，湿漉漉的青苔山，巍峨的蚁冢，还有矮矮的毒蘑菇，都是小精灵心仪的宝座呢！

建造微观秘境

你能找到进入小人儿国的小路吗？你能为精灵和仙子建造一个温馨舒适的家吗？

寻觅一处适合建造精灵小屋的地方。耐住性子，细心观察，你就会发现隐蔽的门廊，小巧的窗户，长满苔藓的屋顶和塔楼，或者屋前的小径。只要稍加改造，隐蔽的微观世界就能生动地展现在你面前，下面有几个不错的创意。

在树干下铺一条鹅卵石小径，这是仙子回家的必经之路。

这是一个小精灵的藏身之处。屋顶是几株大大的真菌，门廊低调又隐蔽。瞧，入口处还架了一架梯子，当所有小精灵都平安到家后，它们就会把梯子收起来。那面高墙上还有一扇窗子呢，小精灵可以随时在那里观察敌人的行踪。

寒冷的冬天，可以到户外，为冰雪仙子建造一座乡间小屋。门窗是几根干枯的根茎，屋外是一个带围墙的大院子，院门也是木制的，枯黄的伞状小花立在院墙边，就像掉光了叶子的大树。

这是一座古老的精灵城堡，由一个多头怪兽守卫着。你能认出那个铺着苔藓垫子的王座吗？你能发现在一旁晾晒的精巧羽翼吗？还有一张专门用来举办盛大宴席的餐桌？

诱人的礼物

准备一些特别的小礼物，吸引
仙子和精灵来你的微观秘境做客。

盛在树叶餐盘里的野生可食用浆果，
裹在树叶礼包里的新翅膀，或者是一套时
尚的配山毛榉坚果帽的仙子套装，都有可
能吸引它们的注意。

没有哪个
仙子能经受住
草莓的诱惑。

新的翅膀永远都
派得上用场，所以一
定会吸引仙子。

没有哪个爱美又要面子的仙子会错过
换上新时装的机会。

安全小贴士

·决不要吃野生浆果，除非你确定它没有毒，
保证它不会引起你和仙子的不适。

仙子晚宴

　　仙子们最爱的就是舞会和宴席！用这张漂亮的桌子办一场魔法品茶会吧，四面八方的小客人都会赶来参加的。

　　低矮的树桩当桌子，周围是一圈坚果凳子。桌面上摆着相应数量的树叶餐盘、橡果茶杯和草茎小刀。美味的水果、鲜花、坚果和种子都盛在核桃壳碗和蜗牛壳碗里，把铺着树叶餐布的桌面堆放得满满当当的。

沙滩
微观世界

到海滩、湖畔，或是河边的沙地，寻觅仙子和精灵出没的秘密世界。用岸边捡拾的自然物装点秘密世界，激发它的魔力，让它重现生机。

隐蔽的庭院小径

你能发现那条通向海草帘幕的秘密小径吗？仙子和精灵之家的门廊就掩映在帘幕后面，由绿色海草和钩子般锋利的蟹爪日夜守护着。穿过门廊，就是仙子和精灵的秘密洞穴了。

建造岸边仙子魔法小屋和庭院

用岸边的自然物建造魔法小屋和庭院，邀请仙子和精灵来做客。

在河边的碎石滩上，有一座小精灵居住的乡间小屋，门廊是用小木棍搭成的，对于来去无踪的精灵来说，这个隐蔽的家是最棒的选择。

这个用树枝和根茎搭建的锥形帐篷，非常适合仙子们郊游露营。

沙滩仙子最喜欢的，可能就是一个堆满了珍宝的大花园了。这里面有古老的珊瑚，有新鲜的海草，还有闪闪发光的贝壳。

做一身
沙滩套装

沙滩上的仙子和精灵，同它们生活在山林的伙伴们一样，喜欢时尚漂亮的服装。瞧，这是一件华丽的海草裙，上面布满了精巧的贝壳和各种沙滩宝物，还有一根珊瑚权杖和口哨（音乐对仙子和精灵的意义非比寻常）呢！

搭建
精灵度假小屋

我们都希望偶尔有假期，到一个新的环境旅行、生活。有的仙子和精灵喜欢在一个有迷人花园的乡村小屋里度假，有的仙子和精灵却享受梦幻的魔法之旅，喜欢去未知的地方探险。

1. 找一个容器（比如花盆、竹篮或育苗盘），填满肥料和泥土。

2. 用小树枝、鹅卵石、树叶和其他微小的自然物装点、布置度假小屋。

在这座精灵花园里，有一个用桦树皮搭建的帐篷，小鸟说不定也会忍不住来这里闲逛呢。

你需要准备：
一个容器，
自然物，
黏土
和很多麻绳。

这里还有很多建造度假小屋的小创意，或许可以给你一点儿启发……

树皮墙壁、安有门把手和门铃的门，组成了这间度假小屋。屋外是一座被精心照料的大花园，开满了五颜六色的花，晾衣绳上挂着仙子们的花瓣长裙。

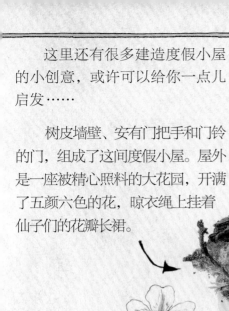

这座迷人的仙子花园里，有一架秋千，一个带跳板的贝壳游泳池，还有一条通往木头长凳的鹅卵石小路。

门外有一张大餐桌，桌上的橡子碗里装满了美味佳肴。

仙子花

种植馨香馥郁、花蜜甜美的小花和香草，可以让你的花园成为仙子们的度假胜地。花儿吸引蝴蝶、蜜蜂，还有各种吸食花蜜的小昆虫，总会有一只小昆虫愿意载仙子一程。经常搭便车旅行的小仙子肯定不会错过这个良机。

如果不是花仙子跳进泳池游泳，你能察觉出它刚刚就在小径上散步吗？

小小探险家

制作纯天然的帆船和木筏，为勇敢探险家——精灵和仙子——的伟大征程助上一臂之力。帮它们扬帆起航，穿过池塘、水洼、溪流，还有海边的潮水滩，直抵胜利的彼岸。

你需要准备：
黏土、绳子和自然物。

造船

你造的船可以顺利出港，平安返航吗？

1. 用绳子把成捆的小木棍、灯芯草或是芦苇秆牢牢地系在一起，做成小船。

2. 现在要让小船拥有航海的能力。给木筏装上龙骨，让它在风浪中更平稳；升起船帆，让它借助风力快速前行。做好后，记得放在水里试一试，看它是否能顺利浮起来。

3. 给船系一根长长的绳子，这样无论它的航线有多远，你都可以把它拉回来。

4. 用木棍和黏土制作精灵和仙子，在船上找一个安全的地方，让仙子船长和精灵大副坐下来歇会儿。

假如你发现了
这样一片叶子，

请一定要写信告诉我。

如果你能拾到一片黄色革质叶子，那就太棒了。

树叶和树皮密信

在潮涨潮落的海岸，拾起漂流瓶，读一读陌生人的信，这是大家都渴望经历的事。不过，不提倡把玻璃瓶和塑料瓶留在自然界，因为它们会污染环境，对山野生灵有害。我倒是有一个在户外传送密信的好办法。

1. 给仙子和精灵的信，可以用记号笔写在革质的厚叶子上，或是像纸一样薄的树皮上。

2. 把叶子做成船帆或是船头高扬的旗帜。

3. 把小船放上水面，等待新的探险者打开这封信，没准儿你还能收到小船带来的回信呢！

安全小贴士
· 在水边探险时，一定要有大人陪伴。

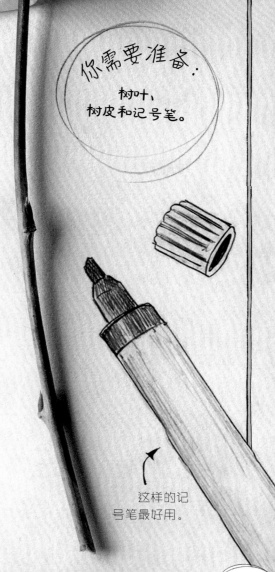

你需要准备：

树叶、
树皮和记号笔。

这样的记号笔最好用。

113

怪兽

说起怪兽，你眼前会出现怎样的画面？一个巨大的、可怕的、丑陋的生物？还是一个小巧的、友好的、漂亮又可爱的生物？其实长成什么样子的怪兽都有，它们的体形也大小不一。我们每个人看到的怪兽可能都不一样。你可以在大自然里找出和你最有缘分的那一个怪兽，用你的想象力把它唤醒，和它成为朋友。睁大眼睛，在树林、云层、沙滩和公园中，找一找隐匿其中的怪兽吧。

大树怪兽

　　和人类不同，树的时间是"缓慢"的。树能活一百年，又一百年，一点儿一点儿地长大，枝叶向上吸收阳光，根深深地扎入地下。它们站在那里，一动不动，却能为其他的小生命遮风挡雨，提供丰富的生命养料，静静地看着瞬息万变的世界。有时候，我们一转身，就会发现隐藏在大树里的怪兽，谁知道它是不是在这里等了我们几百年呢？

寻找大树怪兽

　　大树怪兽习惯隐藏在幽暗的树林和公园里，它们一般很难被发现，不过那双有神的大眼睛有时会暴露它们的行踪。

　　冬天，怪兽可能是一团黑色的剪影，也可能是一捧洁白的积雪。夏天，怪兽可能就会藏在郁郁葱葱的叶子里，不时地发出嗡嗡的喘气声。

　　这个树洞会不会是一张饥饿的大嘴呢？

这根树枝是它强壮的手臂吗？

看，树皮上的这个疙瘩像不像一只机警的眼睛？

给大树怪兽拍照，然后在照片上涂鸦，画出大树怪兽的脸。写写大树怪兽的故事，它长什么样？它老吗？是不是手指的关节已经扭曲了，枯黄的皮肤上布满了皱纹？站在这里的这些年，它都看见过什么？

唤醒大树怪兽

寻找一棵好玩的树，用附近的自然物给大树添上一张活灵活现的脸。它可能慈眉善目，也可能如同凶神恶煞，能把其他的怪兽都吓得无影无踪。

找一块相对平坦的地方，用石头、粉笔和火石摆出眼睛和牙齿，或者，你也可以在大树疙瘩上用黏土捏出一张有趣的脸。

给一段朽木添上木棍脚和树叶眼睛，它就能变身为凶猛的鳄鱼。

低矮的弯弯曲曲的树枝，可以化身为蛇形怪兽。用黏土把树叶粘上去，再拿粉笔画出蛇身的纹路，蛇形怪兽就会出动。

一场大雪能让很多怪兽现形。像左图中这一只，就藏在零落的树枝下。安一个树叶鼻孔和一副长长的灯芯草睫毛，它就会生龙活虎地出现在你面前。

岸边怪兽

乘着想象的翅膀，来水边转一转吧！你能在沙堆、潮水潭，还有饱经海水冲刷的浮木间发现好玩的东西吗？

怪兽遗迹

很久以前，古老的怪兽已经变成化石，躺在岩石和碎石间。仔细搜寻，耐心观察，你就可能发现一枚真正的怪兽化石。

你能找到怪兽留下的其他线索吗？岩石上的花纹可能是它鳞状的兽皮，石头或许就是它的大脑袋。

这只岩石怪兽看起来很友好。

沙滩贝壳怪兽

用细沙垒出一条"大海蛇"，再将贝壳逐个扣在它的背上，形成鳞状的兽皮。你有没有觉得，沙滩贝壳怪兽复活了？

浮木怪兽

寻找一根饱经海水侵蚀、磨损，最终被巨浪冲到岸边的木头。用鹅卵石、海草等各种海边的自然物装扮它，它就会成为真正的浮木怪兽。

鹅卵石
和沙滩石头怪兽

只需要收集贝壳和鹅卵石，就可以创造出你自己的小怪兽，就像这个躺在岩石上晒太阳的可爱家伙。

利用鹅卵石天然的颜色和图案，给你的怪兽安上一双眼睛、一只鼻子和一张大嘴。

这只石头怪兽看起来正在鹅卵石滩上"游泳"！

大块的石头适合打造成横卧沙滩的大恐龙。

如果拾到小块鹅卵石，可以画上迷你怪兽，比如这条紧紧蜷缩在一起的小海蛇怪兽。

挑选形态不一的鹅卵石，分别画上怪兽的五官，比如眼睛、鼻子和嘴巴，最后再拼凑成一张完整的怪兽脸，就像这头正盯着你的独眼兽。

用铅笔或者木炭笔画出怪兽的面部细节。

影子怪兽

你有没有见过躲在影子里的怪兽？最狡猾的怪兽会以神秘的影子形态出现在人们面前。

在天气晴朗的时候，或者在手电筒的光照下，用树皮、沙子、雪或水创造影子怪兽。

制作你的影子怪兽

在阳光明媚的日子里，你的影子会一直伴随着你。它的形状会随着太阳照射的角度不同而发生变化。把你的影子变成怪兽来拍照吧。

用木棍或叶子来制作耳朵和角等有趣的细节。

倒影怪兽

不刮风的时候，在小水坑、水池或池塘的水面上寻找倒影怪兽。用手臂或野外物品装饰棍子，制作有趣的倒影怪兽。

试试在树干、地面或雪地上制作全身（或只是手）的影子怪兽。

沙影怪兽

洒在沙滩上的阳光可以勾勒出千姿百态的沙影怪兽，怪兽的样子会随着太阳的移动而不断变化。仔细观察，你就会发现这些小怪兽无处不在。

寻找公园里的影子怪兽

观察公园长椅（就像图中这把长椅）、滑梯和垃圾桶的影子，你能借助一些小道具，把它们塑造成影子怪兽吗？

你越是留心观察身边的事物，你遇到的影子怪兽就会越多。

一旦找到恰当的角度，这根看起来很普通的树枝就会变成影子怪兽。

枝叶影子怪兽

散乱的木棍和树叶怎么看也不像怪兽，但是看它们的影子，你就会发现，这是一群古灵精怪的家伙。你可以把这些小怪兽的影子映在靠墙的白纸上，或是海边的沙滩上。

云朵怪兽

放飞你天马行空的想象力，在飘浮的云朵中，或映在湿软沙滩的云影间，寻找松松软软的云朵怪兽吧。

找怪兽

阳光灿烂，清风拂面，松软的白云挂在天边，找一块开阔的空地躺下来，半睁着眼睛，仰望天空，你能发现云朵怪兽吗？把云朵拍下来，透过镜头找起来更容易。

让你的想象力自由奔腾。你能看见一个骑在扫帚上的长鼻子女巫吗？或是一只吃云朵的神龙？一头流鼻涕的食人兽？

污渍怪兽

你需要准备：

秋日浆果墨水（制作方法请参考第45页），白纸，柠檬汁和小苏打水。

魔法墨水怪兽

1. 将浆果墨水泼洒在白纸上，留下不规则的墨迹。

2. 把小苏打水和柠檬汁混合，看它们是怎样冒出泡泡，不断变化的！

3. 把混合后的液体随意滴洒在墨迹上，彩色的墨迹会逐渐变成蓝色。

4. 数数你的墨迹里到底有多少只怪兽。

放在太阳底下，等画面完全晾干，再画上五官，比如牙齿和眼睛。

污渍怪兽

1. 在画笔上蘸些泥水，随意甩到纸张上。纸张微微倾斜，让泥渍在纸上自由流动，变幻出千奇百怪的造型。

2. 等泥渍晾干、定型，你能辨别出那只脏兮兮的怪兽吗？

3. 用黑色粗头笔勾勒怪兽的轮廓。

你需要准备：

白纸，
画笔，
黑色粗头笔，
泥水。

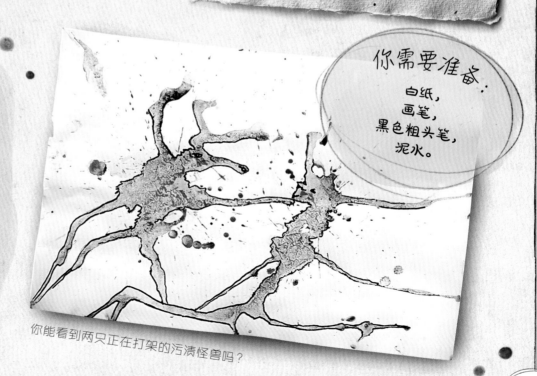

你能看到两只正在打架的污渍怪兽吗？

127

怪兽大脚

在雪地里，或是沙滩上，给你和你的伙伴们做一双"怪兽大脚"。一定要记得在每个大脚后面留出足够的空间，这样你就可以穿上大脚，变身为怪兽了。你永远也想不到会是一只怎样的怪兽大脚在等着你，穿上试试吧！

雪地怪兽大脚

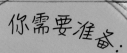

大大的塑料盒，用于雕刻细节的小铲子或是沙滩铲，自然物。

1. 把雪装进大塑料盒，压紧，定型成块。

2. 选好怪兽大脚出没的位置，把方块扣出来，再用小铲子雕刻成脚的形状。

3. 如果你喜欢，还可以为它添上木棍利爪，或是用树叶点缀怪兽大脚。

既然怪兽大脚都做好了，为什么不用雪把整个怪兽都塑造出来呢？

沙滩怪兽大脚

1. 垒出大沙堆，再用小铲子雕刻成大脚的形状。这是巨鸟的脚，还是雪地长毛怪的脚？

2. 利用海滩自然物刻画大脚的细节，比如用贝壳来做趾甲，或爪子。

记住，靠近海水的湿软沙子比干沙子更容易塑形。

怪兽脚印

自然界的大部分生物都胆小羞涩，远离人群，很难被发现。很多时候，我们只能凭借蛛丝马迹探寻它们的行踪。来和你的伙伴们玩个恶作剧吧，提前留下一串怪兽脚印，看看他们有什么反应。

2. 你也可以在家里制作你自己的脚印模型。找一个塑料盒，里面垫上保鲜膜，填上一层黏土，用木棍或你的手指在黏土里压制怪兽脚印。

泥巴怪兽脚印

1. 走到户外，找一块泥土湿软的地方。寻找动物的小脚印，用木棍把它改造成怪兽脚印，你可能还要给脚印添上长长的脚趾和大爪子。

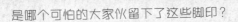

是哪个可怕的大家伙留下了这些脚印？

你需要准备：

一根木棍，熟石膏，
塑料桶，水，一把勺子，
一些黏土和保鲜膜。

4. 把熟石膏混合物
倒入刚才做好的黏土脚
印中，脚印上方也铺上
一层厚厚的石膏。

3. 把熟石膏倒入塑料桶，
逐次加水并搅拌，形成顺滑的
酸奶状石膏混合物即可。

5. 至少等待 20 分钟，待
石膏混合物完全凝固，小心
地取出脚印石膏模，轻轻刮
去表面的泥巴和黏土。

两个脚印一定要保持距离，
这样看起来才是一头长着大长腿
的怪兽留下的。

6. 静置一夜，让
脚印石膏模干透。把
它带到外面，留下一
串怪兽脚印吧！上边
这个看着像神龙的脚
印，左边这个更像炸
脖龙（《爱丽丝镜中
奇遇记》中的恶龙）
的脚印。

雪地中的怪兽脚印

你需要准备：

涂蜡硬纸板，防水钢笔，绳子，电工胶布，剪刀，热熔胶枪和一双雨鞋。

1. 把一只雨鞋放在涂蜡硬纸板上，画出鞋底的轮廓，在轮廓外画三个长长的爪尖。

这只大脚是用涂蜡硬纸板做成的，你也可以试试可回收箱里的其他材料，比如铺展开的果汁盒，会有不一样的效果。

3. 沿线剪下怪兽大脚。

2. 把一小部分涂蜡硬纸板卷起来，作为怪兽大脚的两根外趾，增强行走时的力量。

记得在脚后面添一只小爪子。

拿钢笔给怪兽
爪尖的趾甲上色。

一定要让你的
怪兽大脚垂直踩下
去，留下又深又完
整的大脚印。

4. 在中间的脚
趾前端覆盖上一块
涂蜡硬纸板，它的
空隙要足够雨鞋的
鞋头伸进去。

5. 用绳子把雨鞋紧紧拴
在怪兽大脚上，如果你的雨
鞋有些旧了，就用电工胶布
再缠绕一层，这样你的怪兽
大脚就会非常牢固了。

6. 现在穿上它，去雪地
里留下一串怪兽脚印吧！

变身为怪兽

试着用天然颜料做人体彩绘，变身为怪兽！

你需要准备：

白垩土，黏土，木炭块，浆果墨水（制作方法请参考第45页），研钵和钵杆，水和画笔。

1. 采集白垩土，或是黏土含量比较高的泥土。你也可以试试木炭块或浆果墨水，看看有什么不一样的效果。

2. 将白垩土或是木炭块放进研钵，用钵杆碾成粉末后加水，制成黏稠的颜料。富含黏土的泥土与水混合，可以调出棕色颜料。

3. 用画笔和海绵在你的手臂、腿和脸上（千万小心，避开眼睛和嘴）作画。你想变成哪种怪兽呢？

脸上画一个
"头骨"，手臂和
躯干上画几根"骨
头"，变身为行走
的"骷髅"。

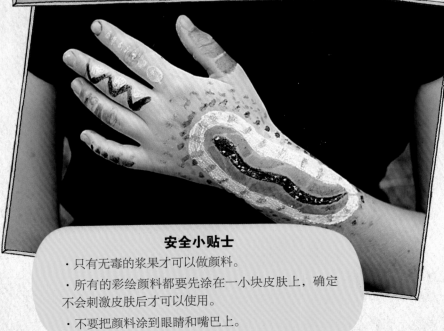

如果你不
想在整个身体
上作画，那可
以在手臂上画
一只小怪兽。

安全小贴士

· 只有无毒的浆果才可以做颜料。

· 所有的彩绘颜料都要先涂在一小块皮肤上，确定
不会刺激皮肤后才可以使用。

· 不要把颜料涂到眼睛和嘴巴上。

美人鱼、独角兽和巨怪

神话传说和童话故事中的神奇生物都是非常友善的，只要你坚定地站在它们这一边，它们绝对不会伤害你。本章出现的美人鱼、独角兽、巨怪等神奇生物都是现实与想象巧妙结合的产物。

美人鱼

美人鱼和"男人鱼"，都是半人半鱼的神秘生物，它们有时在海水中游荡，有时上岸休息。你看，海豚、海豹、海狮，水獭和鲸鱼不都是这样的"半鱼人"吗？说不定什么时候，你就会与它们擦肩而过，要多多留意啊！如果你喜欢海浪拍打在身上的感觉，可以给自己垒一条沙堆鱼尾，像美人鱼一样坐在水边，等着一道浪花涌过来把它打湿，冲散。

美人鱼的珍宝

在神话故事和民间传说中，长发飘飘的美人鱼都喜欢收藏奇珍异宝。美人鱼会不会把什么宝贝落在沙滩上呢？找找看，建一个你自己的美人鱼小宝库……

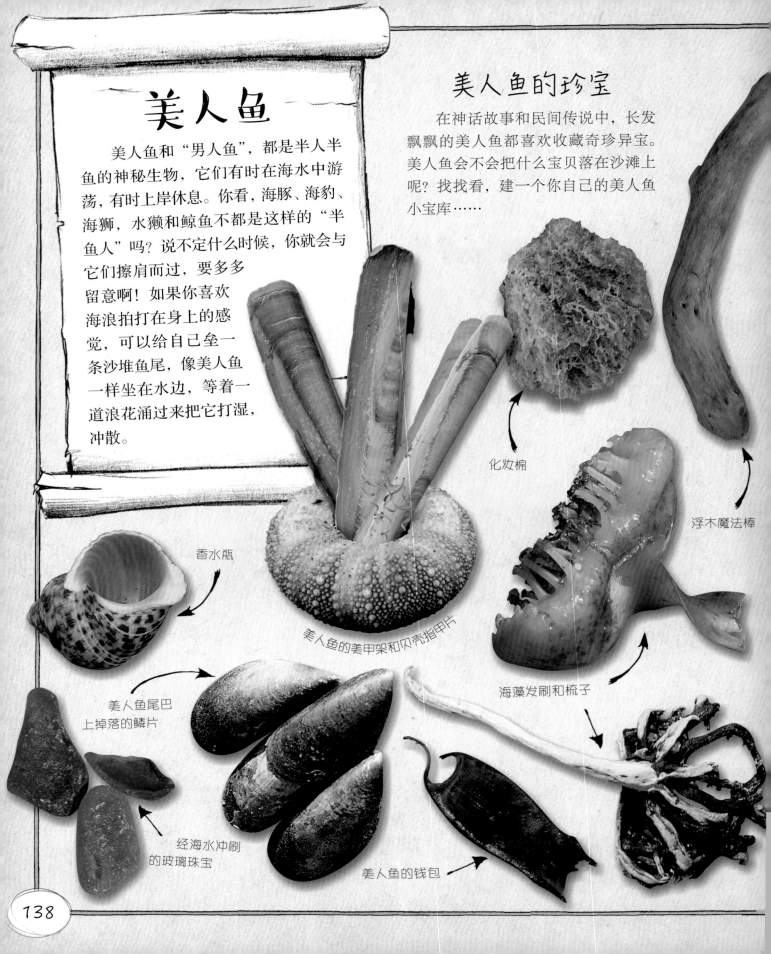

化妆棉

浮木魔法棒

香水瓶

美人鱼的美甲架和贝壳指甲片

海藻发刷和梳子

美人鱼尾巴上掉落的鳞片

经海水冲刷的玻璃珠宝

美人鱼的钱包

宴请美人鱼

一般情况下，美人鱼是不会从海水里出来的，除非有岩石宴会上的美食吸引它们。前菜是盛在石盘里的贝壳和"面包卷"，主菜是装在贝壳盘里的"海藻意面""鱼肉"和"鱼子酱"，最后还能喝上一杯倒在贝壳高脚杯里的咸香饮料，连麦秆吸管都为美人鱼备好了。

棋类游戏

餐后，美人鱼喜欢在岩石上玩一会儿棋牌游戏，就用鹅卵石和贝壳做棋子。你能自己设计些沙滩棋牌游戏吗？

美人鱼的
梳妆台

找一块隐蔽在岩石间的神秘角落，存放美人鱼的珠宝首饰和化妆品。贝壳可以用来收藏经海水打磨的玻璃珠宝，也可以用于收纳细沙散粉。化妆棉、香水瓶、发刷和梳子自然也都要摆放妥当。

沙滩拾到的宝贝，既可以变身为珠宝首饰，放进美人鱼的梳妆台，也可以带一些回家，制作成值得永久珍藏的美人鱼纪念品。

用记号笔在贝壳上绘制好看的图案。

有精美的贝壳和晾干的海草做点缀，再用热熔胶枪黏合连接，你的发卡和戒指定会更加精美别致。

将细线或皮绳穿
过有孔的贝壳，制作
成手镯或项链。

为美人鱼化妆，将沙子和几滴食用色
素混合，制成腮红、眼影或卸妆油。

安全小贴士
· 待在水边时一定要注意安全。
· 热熔胶枪必须在大人的看护下使用。
· 细沙散粉是给美人鱼用的，绝对不可
以涂抹在自己的脸上。

独角兽

独角兽是林地中最美丽、最有灵性的生物，不过很难被发现，想要捉到它几乎不可能！它的角拥有极让人着迷的魔力。

4. 找一根短一些的木棍做独角兽的角。一根有超能力的兽角才能成就真正的魔法独角兽，因此，这根木棍一定要有特别之处，它要么覆盖着古老的苔藓和地衣，要么有魔力惊人的厚树皮保护，要么就是拥有不同寻常的弯曲造型。

3. 把长木棍插进袜口，一直顶到袜子的脚跟。

你需要准备：

旧袜子，报纸，绳子，双面胶，热熔胶枪，包括一根长木棍在内的自然物。

制作独角兽玩偶

用自然世界的魔法材料制作一只独角兽玩偶，有了它，邪恶的怪兽就不敢靠近你了。骑上你的独角兽穿过被魔法笼罩的森林，穿过公园中隐蔽的野花野草。你永远都想不到它会把你带到哪里！

1. 先为你的独角兽玩偶挑一根结实有力的木棍。尺寸要恰好适合你骑上去，硬度得能经得住你疯闹折腾。

2. 再选一只旧袜子制作独角兽头。报纸揉成团填充袜子，独角兽头就基本做好了。

用双面胶或是热熔胶枪把收集的自然物粘上去，作为独角兽的眼睛、鼻孔、嘴巴和耳朵。也许你的独角兽还希望自己长着羽毛或是树叶鬃毛。

5. 在后脚跟，也就是长木棍顶着的地方剪开一个洞，将长木棍从洞中穿出，同短木棍绑在一起，就像图片中展示的这样。最后，把长木棍拽回洞内，这样就只有兽角露在外面了。

6. 将袜口收紧，牢牢系在长木棍上。

用 Y 形棍制作双头独角兽，它的魔力可以翻倍呢！

安全小贴士

· 热熔胶枪必须在大人的看护下使用。

143

魔法独角兽兽角

这些美味的冰棍还有一个隐秘的身份——彩虹独角兽兽角！把它们放进冰箱冷冻起来，等到雪天再取出来。

你需要准备：

手提塑料袋，胶带，硬纸板，一根筷子，食用色素，接骨木花饮料和浆果饮料（制作方法请参考第42—43页）。

1.把手提塑料袋折成独角兽兽角的形状。首先，对折塑料袋，将折痕压实，然后重新打开袋子。

2.袋子的两边都折向中心的折痕，形成三角形。用胶带固定。

3.两个边再分别朝着中心折痕对折，用胶带固定。一个细长的三角形就做好了。

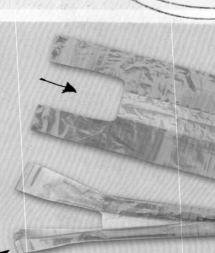

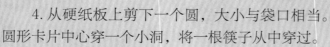

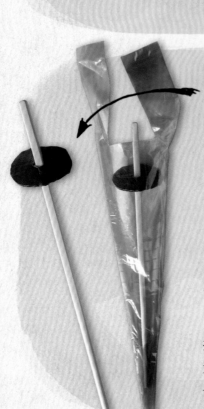

4.从硬纸板上剪下一个圆，大小与袋口相当。圆形卡片中心穿一个小洞，将一根筷子从中穿过。

5.把穿着圆形卡片的筷子插进塑料袋。

6.倒入色彩鲜艳的接骨木花饮料，或是浆果饮料，5厘米深即可。天冷的时候，把它挂在树梢或是晾衣绳上，也可以放进冰箱冷冻。冷冻成型后，再倒入另一种颜色的饮料。如果你喜欢，还可以加上更多色彩各异（口味也不同）的冰层，慢慢地，你就会拥有一根长长的冰雪彩虹兽角了。

7.等你想用（或者是吃！）独角兽兽角的时候，把它在温水中浸泡片刻，去掉塑料冰袋就好了。夏天，它是美味的魔法冰棍；冬天，它就是雪地独角兽的兽角，你还可以用它施展绚丽的魔法咒语呢！

握紧兽角的手柄

冰雪独角兽

雪天，制作一只纯净雪白的独角兽吧，雕刻出它的腿、身体，还有长着一对长耳、飘着鬃毛的头。再放上你提前做好的兽角，冰雪独角兽的灵性瞬间就会被激活，释放出无穷的魔力。

巨怪

　　童话故事中的巨型灰熊走起路来地动山摇，怒吼的声音如滚滚惊雷。谢天谢地，这种可怕的生物并不常见。但是其他种类的巨怪我们可是每天都会见到呢！这完全取决于你待在一个什么规格的世界里。在小蚂蚁或是小蜜蜂的眼里，你就是一个庞大可怕的怪物，拖着笨重的大脚，还长了一双不太好使的眼睛。下次在自然世界走路时，记得脚步放轻点，看清楚前面有什么再把脚迈过去。

巨怪头

　　这个迷人的巨怪头是在英国康沃尔郡的海利根失落花园里找到的。你完全可以利用倒下的大树、海滩的沙子和冬天的积雪制作一个独一无二的巨怪头。

树根巨怪

这头巨怪从倒下的大树根部探出头来，木棍是它的牙齿，小树枝和青草是它的毛发，树叶眼睛闪闪发光，巨怪似乎已经醒来。

冰雪巨怪

暴雪过后，去找找巨怪的头顶，它可能就藏在小山坡的某个岩石堆上。为它添上小树枝毛发、石头眼睛、木棍鼻子和雪花牙，这样冰雪巨怪看起来就生龙活虎了。

147

魔影巨怪

太阳很低的时候，人的影子会被拉得很长，变成一头长腿巨怪。在冬日的雪地上，或是秋日金灿灿的阳光下，留下只属于你的魔影巨怪吧！每到一个地方都可以给映在那里的魔影巨怪拍照留念。

你能认出魔影巨怪旁边的这只可怕猎犬吗？

沉睡巨怪

绝大多数的自然风光，都很容易让我们联想起巨怪。连绵起伏的群山，小山丘，或是岩石间都有可能躺着一只安静沉睡的巨怪。

你能找到巨怪出没的线索吗？细长的池塘是盛满清水的巨怪脚印吗？那块孤零零的巨石会不会是巨怪最爱玩的弹珠呢？

这是一块裂开的石头，还是一双从指尖射出彩虹能量的巨掌，在向天空虔诚祈福呢？

你能找到如此庞大的自然奇观吗？让你一看到就会觉得这是巨怪身体的某个部位，或是经巨怪之手缔造的宝物。

黑魔法防御术

下一章都是黑暗凶猛的生物，你敢翻开吗？神话传说中的野兽很擅长驱邪除恶，先来和它们学学"黑魔法防御术"吧，为下一章的探险做足准备。

天然"滴水兽"

你留意过建筑物屋顶雕刻的人形脸和兽首吗？它们都是滴水兽，是一种法力高强的祥瑞之物（它们也承担着为屋顶排水的任务）。捏制你自己的黏土滴水兽（越丑越好！），守卫你的房屋、秘密小屋和心爱的大树。

魔眼

山野生灵的邪恶之眼会盯着你施展黑魔法吗？制作魔眼，把它们装在你钟爱的大树或巢穴上，就可以防御这些恶毒之眼发出的魔法。试试看，做一只长着贝壳瞳孔的黏土魔眼，再用树叶和木棍装饰，让眼睛更生动有神；还可以用苔藓和小树枝刻画睫毛与瞳孔，做一只雪球魔眼。

面具

天然材料制成的面具能够吓退山野生灵。用秋天五彩缤纷的落叶制作面具再合适不过了。

1. 在普通面具上覆盖一层锡纸，局部粘上黏土或橡皮泥，扩大原有五官的轮廓。

2. 用硬纸板剪出耳朵、兽角或尖尖的头饰，把它们粘在面具上方。再用一张锡纸覆盖住整个面具。

你需要准备：
一个普通塑料面具或纸制面具，黏土或橡皮泥，锡纸，硬纸板，胶水，包括树叶在内的各种自然物。

鲜红色的落叶装点出的戏剧面具

3. 用自然物装饰面具，各种绚丽多彩的树叶都可以用胶水粘在面具表面。

捕梦网

你害怕做噩梦吗？在你的窗棂边、秘密小屋外、帐篷入口，都可以挂上自然材料制成的捕梦网，它会帮你捕捉噩梦。一根柳枝弯成圆环，形成基本框架，再用马毛或细绳缠绕，与圆环组成网格，最后用羽毛和小圆珠点缀，一张经典的捕梦网就做好了。

你需要准备：
一根柔韧度强的树枝，毛线或野草，以及各种自然物。

1. 剪一段绿色的柳枝或榛树枝，弯成圆环，用野草或毛线固定。

2. 用野草或毛线围绕圆环，编织成蜘蛛网的图案。

3. 用羽毛、野草、苔藓、小树枝、树叶、贝壳和各种你能找到的自然物装饰它。

经过防腐处理的"骨头"可以驱散让你害怕的怪兽。

这些尖尖的刺可以戳破怪兽的皮毛。

"巫婆"苍老弯曲的手指可以把所有惹人烦的坏念头都赶走。

独角兽神奇的兽角能释放安宁的力量，环绕在你的床边。

雪球小怪物挂饰

雪球也可以变身为山野生灵，挂在手机上、树上和窗边。你能设计出有趣的雪球小怪物吗？

你需要准备：

几根 5 厘米长的小树枝，绳子和自然物，还有积雪。

1. 每根小树枝都系上绳子，裹上雪，这样你就有了几个带绳子的小雪球。

2. 用自然物把雪球设计成鬼脸，或是其他有趣的小生灵。

3. 把雪球小怪物系在木棍上挂起来，等雪化了的时候，小生灵就会消失得无影无踪。

羽毛成了小怪物的大耳朵

山野生灵图腾柱

选择对你而言最特别的自然物，制作山野生灵图腾柱。它可以守护你的秘密小屋，可以装饰你家露台的花盆，还可以守卫你最热爱的一片野外乐土。

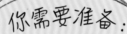

你需要准备：

一根结实好用、树皮粗糙的木棍，黏土和自然物。

1. 准备绘制图腾柱时，先把木棍插进土中固定。

2. 在木棍上任意选择三到四个点，裹上黏土。每块黏土都捏成小生灵的脸。

3. 用自然物做装饰，"唤醒"这些面孔。

星光闪烁的夜晚，当你懒洋洋地躺在舒适的床上时，自然世界的小生灵正在黑暗中悄然苏醒。跟父母一起玩一次深夜林间探险吧！勇敢一点儿，关上手电筒，凭借你自身敏锐的感知力，寻找那些从藏身处探出头来的暗夜生灵。听起来有点吓人，但这时值得去探索的事物实在是太多了。

同大多数野生动物一样，山精（又大又丑，还有一点儿愚钝）和妖精（小个子，爱调皮捣蛋）都喜欢独处。如果你突然撞见山精，它可能也会吓得不轻。天黑后，带上你自己制作的妖精和山精卫士，去林间探险吧！记住，时刻保持警惕（还要有一个大人陪伴）。你准备好迎接新挑战了吗？

暗夜生灵

　　暗夜生灵有它们独特的生存之道，它们的大耳朵能听到所有窸窸窣窣的声响，它们灵敏的鼻子能嗅出所有清淡微弱的气味，即便是在黑夜，它们的眼睛也不会错过任何一丝光亮，总能及时侦察到猎物与敌情。夜幕四合，到野外的草场、林地转转。此时，鸟儿正在唱小夜曲，互道晚安，找一块平整的地方坐下来，伴着最后一声鸟鸣，感受世间的静寂与安宁。静静听，细细闻，眼睛慢慢适应昏暗的夜色。记住，当捕食者——鸟儿进入梦乡，小虫就会变得格外活跃，来找一找蜗牛、潮虫和鼻涕虫吧！

夜观

　　在黑夜中行走时，我们总是习惯带上手电筒，不过你也可以试试不使用它，因为明亮的灯光会惊扰到自然世界的小生灵。你的眼睛会慢慢适应黑暗，逐渐观察到夜色下的自然世界。很快你就会惊奇地发现，自己竟能看到这么多东西。如果遇上伸手不见五指的黑夜，可以带上一个红光头灯（制作方法请参考第 16 页）。你看小生灵的时候，它们可能也正在看你哟！

录制夜色下的声音

　　日落时分，找一个地方坐下来，静静地感受自然界的声音。听灌木丛中窸窸窣窣的声响，青蛙和蟾蜍发出的呱呱声，还有三三两两的鸟鸣与犬吠。天色渐暗，声音也会随之改变。用你的手机把这林间交响乐录下来吧！

拧亮能发出彩色光的手电筒，照向树林和公园中的大树。
顺着光柱，你能找出隐匿在树梢的山精和妖精吗？

夜行者足迹采集器

小生灵怎么也不会想到自己的行踪会留下痕迹。在园圃、公园或小树林放一个足迹采集器，看看天黑后哪些暗夜生灵（或许是山精和妖精）会来这里游荡。

1. 提前查看天气预报。如果赶上瓢泼大雨，这项活动就无法进行了。

2. 托盘里装满沙子，加入少量水，轻轻晃动托盘时，沙子表面能保持平滑，就说明湿润度正好。沙子要硬实些，才能留下清晰的印迹，因此要控出多余的水分，如果必要，还可加入一些干沙。你也可以在托盘或者木板上铺一层厚厚的黏土。

3. 在沙子或黏土上放一点儿猫食或狗粮。

4. 趁着天黑前，找一处山野生灵频繁出没的地方，把足迹采集器放到那里。

5. 第二天一早，来看看你有没有捕捉到谁的小脚印，会不会是刺猬、小鹿或是妖精留下的？把足迹拍下来，仔细鉴别。

6. 给足迹采集器换个地方，看看留在上面的痕迹有什么不同。

陈旧的托盘，
细沙或黏土，
一些猫食或狗粮。

林间小路上的足迹采集器

黏土足迹采集器

这个足迹采集器，神不知鬼不觉地留下了小妖精的脚印。

除了脚印，这里还有几撮"鼻毛"，几片绿色的"皮屑"，一块毛茸茸的"瘤子"。蜗牛壳放在一旁，猫食也弄得到处都是（妖精可真是个邋遢的吃货！）。

夜晚的奇幻之光

很多动植物都拥有"生物发光"的魔法力量，能发出奇幻瑰丽的光芒。夜游时，如果能遇到这样的小生灵，你就太幸运了……

·蓝光虫发出的微光若隐若现。

·萤火虫在林间闪烁，如同翩翩起舞的仙子。

·毒蘑菇在腐烂的树叶间散发着幽幽的亮光。

·大海边，藏在浪花里的浮游生物有时还会发射出蓝色的荧光。如果你恰好遇到了这难得一见的场景，一定要到海里划划船，看看你的腿从海水里抬起来时会变成什么样子。

浮游生物发出的磷光，把海洋变成了闪烁着蓝色光芒的星河。

安全小贴士

·提前查看潮汐时刻表，确定周围环境安全，有大人陪伴时，才可以下海游泳。

·千万不要碰毒蘑菇，它们可是有剧毒的。

夜行鸟

猫头鹰拥有在暗夜捕食的魔力。它们有着铜铃般的眼睛和敏锐的听觉，能够迅速追踪到灌木丛中穿梭的小老鼠和田鼠。它们飞翔的时候也特别安静，因而向下俯冲捕捉猎物时总是出其不意。猫头鹰精通"隐身术"，你很难见到它们，不过你能听到它们嘹亮的叫声。

魔法飞蛾

夏季的白昼是蝴蝶仙子纵情歌舞的时间，而到了夜晚，则是飞蛾隆重登场的时刻，它们身披彩翼，头顶羽状触角，大显神通。日落后，公园和庭院中各类花朵散发芬芳，足以吸引上百种体态各异的飞蛾。为了细致观察魔法飞蛾，可以在大树上安装一个"诱蛾器"。它们可抵挡不了啤酒糖饮的诱惑。

1. 用煮锅给啤酒加热。

2. 将煮锅从灶台上移开，加糖搅拌，直至完全溶解。

3. 滴入黑糖浆，与之充分混合，冷却后待用。

4. 将混合好的液体倒入有瓶盖的容器，拧紧。

你需要准备：

50克黑糖浆，100克红糖和50毫升黑啤酒，煮锅和木勺，画笔和手电筒。

5. 日落前出发，把混合物涂抹在树干或与视线齐平的篱笆上。

6. 天黑后，拿上手电筒，去看看你的"诱蛾器"吸引了多少种飞蛾，你都能一一认出吗？

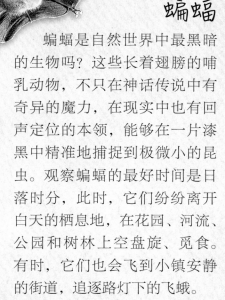

蝙蝠

蝙蝠是自然世界中最黑暗的生物吗？这些长着翅膀的哺乳动物，不只在神话传说中有奇异的魔力，在现实中也有回声定位的本领，能够在一片漆黑中精准地捕捉到极微小的昆虫。观察蝙蝠的最好时间是日落时分，此时，它们纷纷离开白天的栖息地，在花园、河流、公园和树林上空盘旋、觅食。有时，它们也会飞到小镇安静的街道，追逐路灯下的飞蛾。

寻找妖精和山精

如何区分妖精和山精？这是一个很难回答的问题，一般来说：

·妖精——游手好闲，拉帮结派，到处抢劫。平时住在地下的洞里，和獾差不多。它们痴迷于聚敛财富和一切亮晶晶的东西，所以从不会在休息的地方遗落任何一个宝贝。

·山精——山精要大很多，而且只在夜晚出没（白天它们会变成一块大石头）。它们喜欢洞穴、地下室、树洞和桥洞。

妖精和山精是山野生灵中最不讲卫生的，它们的皮肤上长满了各种瘙痒的小瘤子，还老是没完没了地打喷嚏、咳嗽，所到之处，总是会搞得脏兮兮的……

有备而来

掩饰人类的气味可以迷惑妖精和山精，所以最好不要穿新洗过的干净衣服。如果一定要穿，那你记得装上臭臭的恶臭熏剂（制作方法请参考第 164 页），带上自制的迷你妖精和山精，遇上真正的敌人时，它们会保护你的。

妖精和山精的巢穴

古老的树洞、盘根错节的老树根、黑暗阴森的山洞、潮湿的苔藓洼地和地下洞穴，都可能是妖精和山精的老巢。

搜寻妖精和山精的生存迹象

找到了妖精和山精居住的地方，也就不难发现它们在这附近休憩、觅食留下的蛛丝马迹，一起来看看……

抓背器和散落的皮屑。

血痂——从皮肤上揭下来的红棕色碎片。

绿色的鼻毛和黏糊糊的鼻涕——可能是山精或妖精打喷嚏时流出来的。

干了的痰——树皮上晕开的浅黄色或淡绿色的污渍。

粪便——不用碰它们，闻闻臭味就知道是山精还是妖精的粪便了。

小瘤子（绿色，多毛），它们每次蹭树皮的时候都会掉下来几颗瘤子。

用过的牙签——它们吃腐臭变质的食物经常会塞牙。

别忘了找一找它们储存的宝藏——这里面可能会有亮晶晶的垃圾，因为它们不太擅长区分宝贝和垃圾！你应该还能找到它们最爱的小零食，比如鲜嫩多汁的鼻涕虫和香脆的小蜗牛。

趾甲——它们的趾甲长得特别快，所以要经常修剪。

寻找
山精小桥

找一找架在小溪或是沟渠上的小桥，你能在不惊动山精的情况下悄悄走过小桥吗？为了安全起见，过桥之前，你也可以把你制作的山精木偶和妖精木偶（制作方法请参考下一页）摆在桥上，分散山精的注意力。

再厉害的山精看到这个凶神恶煞般的妖精木偶都会被吓跑的，你可以放心地走过小桥。

甜品让妖精和山精
闻风丧胆

妖精和山精特别讨厌甜品。放一份像树莓这样的小甜点，它们就不敢从黑黢黢、臭烘烘的洞里爬出来了。

制作妖精和山精木偶

木偶

如果你在黑漆漆的树林里遭遇山精和妖精，用妖精和山精木偶就可以把它们吓得屁滚尿流。你的木偶到底长什么样呢？

1. 采集一些看起来有些吓人的自然物：蜗牛壳、尖尖的刺、经过防腐处理的骨头和鸟类的头骨、蓬松的种子。

2. 在长着尖刺的木棍上裹一大块黏土，捏出一张奇丑无比的脸。

3. 用尖刺、锋利的树枝或小石子做牙齿，用蓬松的种子做胡子，让木偶脸部的辨识度更高。

4. 为了让你的木偶看起来更逼真，还可以添上"肉瘤""结痂"、黏黏的"鼻涕"，还有耳毛和鼻毛。只给它安一只眼睛怎么样，安三只眼睛呢？或者多来几只耳朵？反正越丑越好！

5. 一旦不幸撞见山精和妖精，让你的木偶和它们交涉，分散它们的注意力。等到太阳出来，它们就会溜走了。

雪地山精和妖精创意大赛

这项挑战就是在看起来最不可能的地方制作雪地山精和妖精，既可以给你的朋友们一个意外惊喜，也可以保护你的家不被冬日的暗夜生灵侵扰。

163

妖精和山精的"脏脏"宝贝

妖精和山精收藏了五花八门的"脏脏"宝贝，这些宝贝要是为你所用，就能变成打败妖精和山精的利器。

恶臭熏剂

暗夜生灵有敏锐的嗅觉。调制恶臭熏剂，夜行时带上它，可以遮掩人类的气味，躲避暗夜生灵的追踪。有时候它们还会误以为你就是妖精或山精。

你需要准备：

玻璃瓶，旧长柄勺，泥巴，腐烂的叶子等各种臭烘烘的东西。

1. 每个人都可以用玻璃罐调制自己的恶臭熏剂。

2. 挑选一些黏糊糊、臭烘烘的自然物，把它们一一塞进玻璃罐，搅拌均匀。

3. 分享你们的恶臭熏剂。闭上眼睛，闻闻所有的恶臭熏剂，选出最臭、最丑的那个。

把自然物和泥水、池塘水混合在一起可好玩了，没有哪个妖精和山精能经得起这般诱惑。

山精汤和妖精汤

把你在寻宝游戏中拾到的，妖精和山精身上掉下来的脏东西，比如绿鼻毛、血痂、皮屑和趾甲等物混合起来，耐心调制一碗美味的什锦汤。

你需要准备：

一个旧碗或者旧锅，一根搅拌棍，水和自然物。

安全小贴士

· 玩过泥巴和其他自然物后，一定要用肥皂洗手。

· 不要采集动物的尸体或粪便。

调制 "山精鼻涕"

山精鼻涕听着恶心，
其实特别好玩。

你需要准备:

玉米粉，绿色和黄色食
用色素，一个塑料碗，
一把勺子和水。

1. 所有材料都拿到户外来，
因为制作山精鼻涕很容易到处
弄得乱糟糟的。

2. 碗里倒些玉米粉，加点
水，混合成黏液。

3. 加入食用色素，调制
成鼻涕的颜色。

4. 检验混合物的黏稠
度也是个很有趣的过程，
如果你刚抓起一把混合物
的时候感觉有些硬，慢慢
松开拳头时，它可以从
指缝慢慢滴落下来，
就说明黏稠度
恰到好处。

这只山精的鼻涕好多啊！

165

月光魔法
和
暗夜巡游

太阳落山了，并不意味着夜就会完全黑下去。自然世界还有千百种方法能在暗夜中发出轻柔、微弱的光来。

满月探险

满月之夜，走出家门，到自然世界中见证月光的魔幻魅力。

圆圆的月亮渐渐升高，银白色的月光洒在小水洼、溪流、湖泊和广阔无垠的大海上，如同一条倒映在水面的魔法小路。你可以请大人帮忙，把闪闪发光的水波装进瓶子。这可是难得的魔法药水。

山精木偶、妖精木偶（可参考第 163 页），还有你自己都可以借着月光映出暗影。

如果赶上阴天，没有月亮，也可以用手电筒照出影子。

魔灯

点亮怪兽灯、妖精灯和山精灯，开启深夜冒险之旅。在万圣节或者其他节日，如果能带上这些魔法灯游行就更棒了。

你需要准备：

柔韧的长柳枝，
彩色薄皱纹纸，
遮盖胶带，胶水，
黑水钢笔，
荧光棒或小手电筒。

1. 在室内制作灯笼。先用柳枝搭建骨架，连接处用遮盖胶带固定。骨架牢固后，在里面系上手电筒或荧光棒。

这只怪兽灯笼张着大嘴，发出神秘的红光，足以吓跑真正的怪兽。

2. 如果你想提着灯笼四处逛，最好用柳条或是麻绳在灯笼顶端缠几圈，制成结实的把手。

3. 用胶水，在柳条骨架上粘一层薄皱纹纸。待这层纸晾干，再粘一层，两层，或者更多，让灯笼更结实。

4. 等胶水完全晾干，用其余的薄皱纹纸和一支黑水钢笔拼贴、绘制妖精和山精的五官，比如炯炯有神的眼睛、红色的鼻头和巨大的牙齿等。

5. 点亮灯笼，去外面转转吧！

167

 魔法火光

点燃篝火，山野生灵就会被困在火光之外，无法靠近。此时，我们和家人、朋友能够安心地聚在一起，烤着暖烘烘的篝火，在微微摇曳的火光下谈笑风生。漆黑长夜，围篝火而坐的经历，必定会是一次最为神秘梦幻的体验。不过，千万要记住，只能在大人的帮助下，在被许可的时间和地点生火。在火盆或者土坑里生火是最安全的。更多关于用火安全的知识，可以参考第 13 页的用火安全小贴士。如果你可以做到小心翼翼地生火，这里还有很多野外火光的小秘密要告诉你……

你能看到"火影天使"轻盈优美的舞姿吗？来火光下舞蹈吧，拍下人影幢幢的瞬间。

在暖橙色火光的照耀下，讲几个神话故事，把山精吓得远远的。

观察火焰千奇百怪的形状，你能在尚未燃尽的木块中，辨出隐藏其中的怪兽和其他的山野生灵吗？

安全小贴士

·用火安全——关于生火和用火安全，本书第 13 页有详细的介绍。

·夜里出行时要集体行动，不要和其他人走散。

地下王国探秘

当我们从地面走过时，坚硬的地表似乎是静止的。实际上，我们脚下是一个不可思议的地下王国，亿万生命的脉搏都在那里跳动。植物的根不断地伸展，扎入土壤深处；蘑菇的菌丝也在慢慢拉长；小生物悠然地爬来爬去，啃食腐烂的植物。各种生命的痕迹都在等待着你发现。

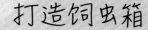

打造饲虫箱

蚯蚓是天生的土壤改良家，可以不断地把空气和水带入土壤深处，还能够分解落叶和杂草，形成腐殖层，改善土壤肥力，帮助植物茁壮成长。

土壤配方

土壤是天然的黄金，魔力高强，能够为所有的山野生灵提供生命的养料。没有土壤，就不会有植物，更不会有动物。但是什么是土壤？能制造出你的土壤配方吗？

你需要准备：

矿物质（沙子和黏土），水，微小的植物，落叶，小水桶，六玻璃罐或花盆。

触摸、移动小蠕虫时一定要小心呀。

1. 土壤由碎石子（比如细砂粒、沙子和黏土）和腐殖层（腐烂的植物）组成。尝试在小水桶里制成不同原料比例的土壤，看哪种土壤最适合种植。

2. 测试土质。取一些土放进花盆，播撒几颗种子，它们会长大吗？

1. 到户外寻找蚯蚓。它们一般都会在阵雨过后爬到地表。捉蚯蚓时动作一定要轻柔。

2. 把沙子、泥土和腐烂的树叶分层放进大玻璃罐。将几只蚯蚓也放进去，表面撒上些树叶。

3. 盖上盖子，不过要留一些小孔，保证空气流通。

4. 用黑色纸将整个玻璃罐外壁都覆盖住，放在阴凉的地方。每天悄悄凑过去，看看土壤有没有在施展它的魔法，各层的物质是不是也渐渐融合在了一起。

5. 一两个星期后，把小蚯蚓送还到你发现它的地方。

原本新鲜的草莓变作灰乎乎、毛茸茸的一团。

你需要准备：
几块水果
（比如草莓和柠檬）
和果酱瓶。

食物腐烂秘方

如果植物不能腐烂，形成腐殖层，就无法再生成新的土壤，地球也将变成一个被臭烘烘的枯死植物层层覆盖的世界。正是因为有了像昆虫、真菌和细菌这样的分解者，植物才得以腐烂，化成养料滋养大地。

1. 每个果酱瓶里放一块水果。拧紧盖子，将果酱瓶放到光照充足的阳台。

2. 照相，记录一周以来的变化。你会发现水果每天的状态都不一样，霉菌渐渐生长、蔓延，水果随之被分解。

3. 用放大镜观察霉菌。它们有的是绿色的，很平整；有的是白色的，毛茸茸的；还有的也是白色的，却长得尖尖的。

4. 认真记录水果完全分解成一摊"烂泥"所花费的时间。

5. 比较不同的水果和蔬菜。长在它们身上的霉菌有什么不一样吗？

安全小贴士

· 腐烂的水果要保存在果酱瓶里面，完全分解后可以倒入堆肥箱。

· 触摸蠕虫和腐烂的水果后一定要好好洗手。

171

朽烂的木头

到树林或者公园里寻找倒下的大树和折断的枝杈。这些木头为自然世界的无名英雄们提供了舒适的家园和充足的食物。任意翻开一根木头，你能发现什么？你可能会看到甲壳虫、蜈蚣、千足虫、潮虫、蜗牛、鼻涕虫等各种吓人的爬虫——它们都是改良土壤的一分子，积极参与分解自然物的魔法进程，为更多山野生灵的成长做出了惊人的贡献。

每根木头都是山野生灵的家园，一定要像你刚刚发现木头时那样轻手轻脚地把它们放回原处。

落叶层里的小生命

你可曾走在铺满秋叶的梦幻小路上，故意把树叶踢向高空，聆听叶子簌簌飘落的声音？对于林间各种各样的植物、动物而言，树林地表厚厚的落叶层为它们提供了舒适的避风港和丰富的食物，是绝佳的栖息地。

用小铲子把落叶收进托盘里。轻轻翻看叶子，你能找到哪些山野生灵呢？用放大镜凑近看看，有什么新发现吗？

安全小贴士

· 当你翻看木头和落叶层时，一定要小心。

· 触摸这些自然物后一定要好好洗手。

· 如果这片区域有小毒兽或是有毒的植株，一定要提前戴好手套。

你需要准备：

一个很大的玻璃罐，泥土，朽烂的木头，树叶，厨房用纸，一根橡皮筋，几只蜗牛和鼻涕虫（潮湿的时候很容易找到它们）。

搭建你的微观地下王国

搭建微观地下王国，你就能近距离观察小家伙们的一举一动，了解地下小生灵们不为人知的秘密。

你需要准备：

一个塑料容器，土壤，树皮，落叶和石子。

"蜗牛村"

跟踪记录蜗牛和鼻涕虫每日的生活。

1. 先在玻璃罐里垫上一层湿润的泥土，再依次放上朽烂的木头和树叶。最后再放点蜗牛爱吃的生菜叶和果皮。

2. 找几只蜗牛和鼻涕虫，把它们放进玻璃罐。然后用橡皮筋把两张厨房用纸固定在瓶口，这样蜗牛和鼻涕虫既可以呼吸，也不至于爬出玻璃罐！

3. 把你搭建好的蜗牛村放在阴凉处，要保证土壤湿润。窥探蜗牛和鼻涕虫吃东西的样子，没准儿它们还会产卵呢！

4. 两周后，把鼻涕虫和蜗牛送还到你发现它们的地方。

潮虫世界

这些微型的山野生灵喜欢待在阴暗潮湿的朽木上。

1. 在托盘上铺一层泥土。最好选用育种盘或塑料箱——容器内壁足够光滑，潮虫才不会逃走。

2. 放一些树皮、落叶和石子进去。

3. 寻找潮虫——你可以在木头或者石头底下找到它们。

4. 把潮虫放进塑料容器里，让它们在那里定居。

5. 密切关注它们在潮虫世界里的动态，看看它们喜欢去哪儿溜达，会在哪儿建造自己的小屋。时不时地给土壤喷点水，保持土壤湿润。

6. 几天后，把潮虫送还到你发现它们的地方。

索引

A

安全 12—13

（海边安全指南请看关键词
"沙滩"）

岸边怪兽 120—123

暗号 34—35

暗夜生灵 154—157,
163—164

B

白色寻踪石 32

变身为怪兽 128, 134—135

冰雪巨怪 147

冰雪龙 56—57

冰锥 96

C

沉睡巨怪 149

触觉 18, 20

D

大树怪兽 116—119

地下王国 170—173

第六感 22

独角兽 142—145

独角兽兽角 144

盾牌 62, 97, 101

E

恶臭熏剂 160, 164

F

飞天扫帚 9, 65, 68—70

G

坩埚 39, 74—75, 78—79

感知力 10, 14—25

怪兽 114—135

怪兽大脚 128—129,
132—133

怪兽脚印 130—133

H

核桃墨水 45

黑魔法防御术 150—153

花仙子 84—86, 111

火 13, 168—169

J

箭头 32—33

浆果墨水 35, 45, 127,
134

精灵 80—84, 87,

92—93, 96—98,
101, 103—106,
108—110, 112—113

精灵度假小屋 110

精灵铠甲和贴身武器 97

精灵礼物 106

精灵魔法 92—93

精灵木偶 87

精灵之船 112—113

精灵装备 101

巨怪 136, 146—149

K

铠甲 84, 97

窥探 6, 8, 23—24, 73, 173

L

龙 50—63

龙宝宝 52, 60—61

龙蛋 37—38, 40, 52, 60

龙穴 53, 60

龙血 63

M

美人鱼 136, 138—141

美人鱼的梳妆台 140—141

美人鱼的珍宝 138

迷你巫师 76

密信 34—35，83，113

面粉 33，62

魔灯 74，167

魔法木棍 68—69

魔法书 44

魔法饮料 36—37，42—43

魔毯 24

魔药 36—40，74—75，
    78—79

魔药原料 38—39

魔影巨怪 148

魔杖 39，68，70—71，
    78—79，94—95

墨水 35，45，47，127，
    134

Q

倾听 21

权杖 31，68，71，109

S

沙滩 108—109，121—
    123，125，128—129，
    138—141

山精 154—155，160—165

山精木偶 163，166

山精汤 164—165

石榴皮墨水 45

守护瓶 71，77

W

微观地下王国 173

伪装术 26—27，54

味觉 18

污渍怪兽 127

巫师 64—79

巫师的宠物 72—73

巫师的魔法小屋 74—75

巫师服 65—67

武器 62，97，101

X

仙子 38—40，80—96，
    98—100，102—113

仙子船 112

仙子度假小屋 110—111

仙子服 91，98

仙子礼物 106

仙子魔法 92—93

仙子木偶 87

仙子时装秀 88—91

线索 29—33，35，56，
    73，82，120，149

小人儿国 102—104

嗅觉 18—19，164

寻踪 30—33，52—53，157

Y

眼力 17，42

妖精 154—155，160—165

妖精木偶 162

野外导航 28—29

野外玩耍工具箱 8

野外玩耍小课堂 10

叶子精灵 84

夜观 15—16，156—159，
    166—169

隐身龙 54—55

隐形墨水 35

影子怪兽 124—125

云朵怪兽 126

Z

制图 28—29

自然世界中的"龙" 58—59

致谢

《魔法大自然》的出版得益于每一位伙伴的通力合作——

- 经纪人艾丽斯·威廉斯自始至终对这个项目的信任，给了我们莫大的支持和鼓励。

- 孤独星球团队，特别是安迪·曼斯菲尔德超强的想象力和设计才能，使本书成了真正意义上的魔法锦囊。

- 皮特·威廉森的插画让神秘莫测的山野生灵们跃然纸上。

- 带我们野外探险的每一位年轻人的启发和分享，让我们见识到了种类繁多、形态各异的山野生灵。

- 牛津大学哈考特植物园、康沃尔郡的海利根失落花园提供了拍摄神奇照片的绝妙取景地。

- 还要感谢我们的爱人，本和彼得；感谢勇敢无畏的、成长为野外探险家的孩子们，杰克、丹、康妮、汉娜和爱德华。

- 当然，我们也不能忘记花园尽头的仙子和路边树洞里友善的山精。没有它们的金玉良言，就不会有这本书。

图片版权出处（为方便查找，以下内容未翻译）：p12 Shutterstock/javierDan, p39 Shutterstock/TunedIn by Westend61, p45 Shutterstock/grey_and, p58 Shutterstock/Al Redpath, p59 Shutterstock/Eric Isselee, Shutterstock/ Zety Akhzar, p146 The Giant's Head, Lost Gardens of Heligan © 1998 Pete Hill & Sue Hill, peteandsuehill.co.uk, p156 Shutterstock/EcoPrint, p158 Shutterstock/WUT.ANUNAI, Getty/watcherFF, Shutterstock/Ryan M. Bolton, Getty/DEA/C. GALASSO, p159 Getty/De Agostini Picture Library